· 身边的鸟类观察

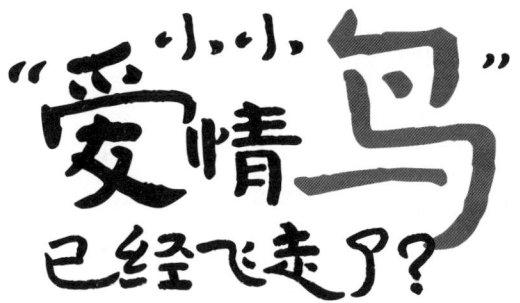

# 小小 "爱情鸟" 已经飞走了？

走近小鸟们求偶、交配、
带娃的真实生活

[日]滨尾章二 · 著
李司阳 · 译

CSK 湖南科学技术出版社 · 长沙

**图书在版编目（CIP）数据**

小小"爱情鸟"已经飞走了？ /（日）滨尾章二著；李司阳译 . — 长沙：湖南科学技术出版社，2024. 11.（身边的鸟类观察）. — ISBN 978-7-5710-3292-0

Ⅰ. Q959.7-49

中国国家版本馆 CIP 数据核字第 20243B8Y73 号

OSHIDORI FUFU DEWANAI TORITACHI
by Shoji Hamao
© 2018 by Shoji Hamao
Originally published in 2018 by Iwanami Shoten, Publishers, Tokyo.
This simplified Chinese edition published in 2024
by Hunan Science & Technology Press Co., Ltd., Changsha
by arrangement with Iwanami Shoten, Publishers, Tokyo

著作权合同登记号：18-2024-130

XIAOXIAO "AIQING NIAO" YIJING FEIZOU LE？

# 小小"爱情鸟"已经飞走了？

著　　者：[日]滨尾章二　　　　　　译　　者：李司阳
出 版 人：潘晓山　　　　　　　　　　责任编辑：谷雨芹　谢俊木子
出版发行：湖南科学技术出版社
社　　址：长沙市芙蓉中路一段 416 号泊富国际金融中心
网　　址：http://www.hnstp.com
印　　刷：长沙市雅高彩印有限公司
　　　　　（印装质量问题请直接与本厂联系）
厂　　址：长沙市开福区中青路 1255 号　邮　　编：410153
版　　次：2024 年 11 月第 1 版
印　　次：2024 年 11 月第 1 次印刷
开　　本：787 mm×1092 mm　1/32
印　　张：5　　　　　　　　　　　　字　　数：73 千字
书　　号：ISBN 978-7-5710-3292-0
定　　价：40.00 元

# 前　言

　　本书将以雄鸟与雌鸟的关系为中心展开，用最新的研究成果介绍鸟类在繁殖方面的生活习性。

　　成对的雌鸟与雄鸟常常被称作"爱情鸟"，它们给人的印象往往是关系和睦、会共同育儿。然而，这只不过是人类片面的理解。另外，有的电视节目还提到鸟类的行为是为了种群繁衍，它们的进化是朝着对种群有利的方向进行，这更是大错特错。

　　我主要研究鸟类与繁殖相关的行为和生活习性，给每只鸟都戴上了带色足环，方便区分它们，并且观察了它们婚配、育儿，甚至婚变（离婚、再婚）的过程。经过缜密的观察，我发现鸟儿们只不过是在互相利用，其目的是留下自己的后代。

　　生物的进化，大多是朝着利于繁殖的方向发生的。如果某一个体拥有比群体中的其他个体更易繁殖的特性,那么它的子孙在群体中占的比例就会越来越大,最终所有个体都会拥有这个特性。某种行为或生活习性即便在人类看来是自私的,只要它能帮助个体留下更多的后代,这个特性就一定会进化。因此,进化中最重要的不是对种群的利害影响,而是是否能让个体留下更多的后代。

本书将介绍出轨、杀子、性别选择等鸟类不为人所知的行为。鸟类的这些行为都十分有意思,它们是在进化的过程中逐渐形成的,是适应环境的结果。

鸟类作为野生动物,其生存环境十分残酷。以麻雀为例的小型鸟类产下的受精卵中,能够长大成鸟并且具有繁殖能力的只有一成左右,而成鸟每年会死亡近半。在巨大的进化压力之下,有能力留下更多后代的基因成为最重要的基因,只有拥有这些基因的子孙们才能通过筛选,继续顺利地将基因传递下去。

"爱情鸟"的印象,只不过是假象。只有知道雌雄鸟双方真实的利己一面,人类才能真正明白它们之间的关系。

希望各位读者能够从本书中了解到，鸟类的行为和生活习性是在同性竞争以及适应包括异性在内的周围环境中逐渐形成的，它们一直都在努力地生活。对此，我感到不胜欣喜。

小小"爱情鸟"已经飞走了？

# 目 录

# 序章

## 尽可能留下更多
## 后代的进化倾向

# 应该生雄鸟还是雌鸟呢

## 雌雄鸟的性别选择

常听人说："本来想要个闺女，没想到生出来是个臭小子。"尽管我们人类不能按照自己的想法确定孩子的性别，但近期研究表明，雌鸟可以按照自己的意愿产下确定性别的卵。

东方大苇莺是一种在芦苇沼泽中繁殖的夏候鸟[1]，雄鸟有时会寻找多个配偶，形成一夫多妻的局面。在这种情况下，雄鸟会帮助最初的配偶哺育雏鸟，但是几乎不会为其他配偶生下的雏鸟寻找食物。于是除了原配夫人，其他雌鸟只好自己照料雏鸟，于是这些雏鸟可能就不会被养育得十分

---

[1]　夏候鸟是指春季或夏季在某个地区繁殖，秋季飞到较暖地区过冬，次年春季再飞回原地区的鸟。

健康强壮。

大阪市立大学的研究生西海功发现，东方大苇莺的大夫人和二夫人生下的雏鸟的性别比例有明显差异。大夫人的孩子有58%的概率是雄鸟，而二夫人（包括极少数的三夫人）的孩子只有46%的概率是雄鸟。由于很多雏鸟不能通过外观分辨雌雄，所以西海功用了最新方法分析了雏鸟的DNA，以此判定它们的性别。这是世界上第一个发现雌鸟会在一夫多妻制的关系中进行性别选择的研究。

### 赌博式性别和确定式性别

雄性的东方大苇莺通过战胜其他同类获得好的领地，再用复杂的叫声吸引雌鸟。只有能做到这些的优质雄鸟才是一夫多妻制的受益者。而那些体弱逊色的雄鸟很可能一个配偶都找不到，只能孤独终老。因此，不同雄鸟的后代数量有很大差异。与此不同的是，雌鸟不论体格和健康状态如何，都能找到雄鸟交配，它们的后代数量不像雄鸟那样悬殊，几乎没有特别大的差异。

我们想象一下东方大苇莺的雌鸟找到配偶后产卵时的情景。如果是找到了未婚雄鸟的大夫人，那么产下的卵应该是雄性居多吧。因为雄鸟会帮助自己哺育雏鸟，大概率能够养育出强壮健康的儿子。这个儿子将来有希望坐拥后宫，留下很多后代。然而，找到已婚雄鸟的二夫人则无法得到配偶的帮助，很难养育出高质量的后代。如果产下的卵是雄性，这个孩子将来很可能在雄鸟的斗争中落败，且不得雌鸟喜爱，几乎没可能留下太多后代。但如果产下的卵是雌性，则能够保证它拥有一定数量的孩子。因此，二夫人产下的卵最好是雌性。

东方大苇莺的雌鸟会根据自己所处的情况及育儿条件，对自己的孩子进行性别选择。

有趣的是，西海功在观察二夫人们时发现，二夫人产卵少的时候比产卵多的时候生下的小雄鸟比例更高。有 5 枚卵的巢中，小雄鸟只占 33%。而有 3 枚卵的巢中，小雄鸟能占到 67%。这是因为雏鸟数量少的话，二夫人自己就能够给它们供应充足的食物，雏鸟自然可以健康地成长。

## 不彻底的性别选择

除了东方大苇莺,还有很多鸟儿都会根据客观情况调整孩子的性别。要是山雀雄鸟体形更高大,大山雀雄鸟胸前黑条纹(常被比喻成领带)更宽,白领姬鹟雄鸟额上的白斑更大的话,雌鸟会更倾向于生下雄性的孩子。雄鸟的这些特征都是受到雌鸟欢迎的,因此被认为是竞争力强、健康强壮的象征。换句话说,任何种类的雌鸟在与生存能力强、受异性欢迎的雄鸟结成配偶时,都会有生下雄性后代的倾向。这样,儿子能够继承父亲的优势,更多了几分子孙满堂的希望。

东方大苇莺是通过预测"育儿条件"来调整孩子的性别,而刚才提到的另几种鸟儿,是通过判断"配偶的质量"来调整孩子的性别。这些都是为了留下更多的后代而进行的性别选择。然而,从东方大苇莺的数据上可以看出,它们的性别选择并不彻底,还是会同时生下另一性别的孩子。

## 彻底的性别选择

要问什么鸟儿会进行最彻底的性别选择，几乎只生下期望性别的孩子，恐怕非塞岛苇莺莫属了。它们栖息在印度洋塞舌尔群岛的部分区域中，采取一夫一妻制进行繁殖。雌性雏鸟离巢后，有时会继续留在父母的领地当中，帮助它们进行下一次育儿。作为父母，考虑到以后的育儿工作，肯定是有帮手会更好，但有时帮手也会带来问题。因为鸟儿都需要一定的食物来源，当领地内的食物比较少时，小帮手消耗掉一部分，那么亲鸟和雏鸟的食物就会减少，这时就不如没有帮手了。

塞岛苇莺的雌鸟在昆虫（食物）丰富的领地中产卵时，有 87% 的概率生下雌鸟；而在昆虫不足的领地中产卵时，则有 77% 的概率生下雄鸟。在可以供养小帮手的领地里，就生下能够帮忙的雌鸟；在负担不了小帮手食物时，就生下会飞离领地的雄鸟。它们的选择差异体现得十分明显，真是令人震惊。

## 谜一样的选择机制

想必各位会提出疑问，鸟类是怎样进行性别选择的呢？以人类为首的哺乳类动物能产生两种精子，一种带有 X 染色体，一种带有 Y 染色体，哪一种精子能够与卵子顺利结合成受精卵则决定了孩子的性别。而鸟类似乎正好与此相反，它们有两种卵子能够在受精后分别发育成雌鸟和雄鸟。

或许，雌鸟在制造卵子并排卵前，一直在控制卵子的种类，根据需要制造出能够发育成雌雄不同个体的卵子。

人类目前还不知道性别选择的全部机制，但是雌鸟能够根据客观条件调整孩子的性别的确是件特别有意思的事情。鸟类作为野生动物，在残酷的环境下生存，为了尽可能留下更多的后代，它们进化出了很多特性。

# 杀子行为的秘密

鸟儿们并没有朝着对自己的种群繁荣有利的方向进化，它们的进化目是尽可能地帮助自己留下更多的后代。显然，杀掉同个物种的卵及幼鸟，无疑会让这个种群数量减少。我们将从这样的杀子行为出发，一起看看这一不利于种族繁荣的行为是如何进化的。

## 再婚后的问题

小雨燕是一夫一妻制的鸟儿，全年维持配偶关系。双方不仅把巢当作繁殖场所，非繁殖期也会居住在里面。这个重要的巢由植物的叶片、茎秆以及羽毛制成，小雨燕会在建筑物的屋檐下用自己的唾液将它们粘合而成。小雨燕会边飞边寻找筑巢用到的材料。筑巢是一个非常困难的工程，大概要花 2 个月到半年的时间。

堀田昌伸在大阪市立大学任职时，花了 4 年的时间在静冈县内的一个小雨燕营巢基地观察了 145 对小雨燕的繁殖情况。他发现，当配偶消失（大概率是死亡）的个体在繁殖期内再婚时，新的配偶会破坏巢内的卵，杀死雏鸟。

不论雌雄，当失去配偶的鸟儿独自拥有筑好的巢时，它对于没有筑好巢的异性来说都是极具魅力的。筑了一半巢的鸟儿会放弃复杂的筑巢工程，积极地和现在的配偶离婚，再和拥有鸟巢的寡妇（或者鳏夫）结婚。然而，如果这个新的配偶还在忙于照顾前任的卵或者雏鸟，自己就没办法尽快留下后代。因此，鸟儿会选择将配偶前妻或前夫的孩子杀掉，尽快和再婚对象生下自己的孩子。

据说，堀田昌伸观察的营巢基地在 4 年之间共有 25 枚卵和 15 只幼鸟被其他个体杀掉。幼鸟离巢之前的死亡案例中，来自其他个体杀子行为的占了 18%。杀子行为，很明显是不利于种群繁荣的。然而，放弃杀子行为等待再婚对象将前妻（或前夫）的孩子抚养长大的个体，拥有的后代数量比果断杀子并尽快繁殖的个体要少得多，所以杀子行为得到了进化。

### 为了破坏婚姻

杀子行为有时是为了抢夺配偶。很多鸟儿因为巢被捕食者攻击等原因繁殖失败后，会与配偶解除关系，再寻找新的配偶进行繁殖，也就是离婚后再婚。因此，许多没有配偶的单身鸟们想到的计策是故意攻击其他鸟儿的巢，使它们繁殖失败并且离婚，然后自己去做再婚对象。

北美的燕子在离巢前死亡的幼鸟中，有 16% 都是死于杀子行为。有观察证实，单身的雄鸟的确会袭击别家的幼鸟，并且杀了它们。有时我们会在巢下看到掉下来的燕子幼鸟，它们也许就是遭了杀鸟犯的毒手。

西班牙的家麻雀也一样，雄鸟会进行杀子行为，主要目的是获得配偶。人类已经观察到，单身的家麻雀雄鸟杀掉别家的幼鸟，然后再和"被害鸟母亲"进行繁殖的例子。

## 雌鸟的筹谋

家麻雀的雌鸟也会进行杀子行为，只不过目的与雄鸟不同。这里同样看一下西班牙的研究。雌鸟杀子，主要发生在一夫多妻的鸟类家庭中。有一部分雄麻雀可以做到一夫多妻，对于巢中的卵丢了、坏了这类事情，在一夫多妻的雌鸟巢中明显比一夫一妻的雌鸟巢中发生得更为频繁。此外，雏鸟被成鸟杀掉的案例，也是在一夫多妻的雌鸟巢中发生的概率更高。当我们关注一夫多妻的家庭中雌鸟们的地位时可以发现，先产卵的大夫人会有 42% 的卵和幼鸟被杀害，而后产卵的二夫人只有 10% 的孩子会遇害。

家麻雀和东方大苇莺及黑眉苇莺等一样，当雄鸟拥有多个妻子时，只会帮助先产卵的大夫人寻找食物哺育幼鸟，而后产卵的夫人们几乎得不到任何帮助。二夫人在生育后得不到丈夫的帮助，很大概率不能为幼鸟提供足够的食物。因此，虽然我们不能确定杀鸟犯到底是谁，但多半就是二夫人了，是它将大夫人有可能抢先孵化的卵（或者已经孵化出的小鸟）杀掉的。换句话说，雌鸟是为了得到育儿方面的帮助才痛下杀手的。

## 杀子是调节性别比例的方式

澳洲的折衷鹦鹉，雄鸟是绿色的，而雌鸟是鲜艳的红色。它们会在树洞里筑巢，产下 2 枚卵，但是往往只有 1 只雏鸟能够顺利离巢。据了解，杀害自己的孩子正是它的父母。

澳大利亚国立大学的罗布·海因索恩（Rob Heinsohn）教授醉心于对这种鸟类的研究，他发现当巢筑在容易被水浸湿的树洞里时，雄性雏鸟常常会在刚孵化不久时就莫名其妙地消失。他在调查每个巢的雏鸟的性别时发现，如果一个巢里有 2 只雏鸟，那么一般是雌雄各一只；如果一个巢里只有 1 只雏鸟，那么雏鸟有 83% 的概率是雌鸟，而这些巢当中有相当一部分是容易遭到水淹的。

澳洲折衷鹦鹉的雄性雏鸟比雌性雏鸟要多花上 1 周的时间才能离巢,原因不明。正因为雄鸟需要更长的育雏时间,所以容易被雨水淹到的巢可能没办法养育出小雄鸟。比起成鸟希望渺茫的小雄鸟,给能尽快离巢的小雌鸟提供足够的食物,把它培养得健康强壮,似乎更划得来。因此,杀掉雄性幼鸟、专心哺育雌性幼鸟的行为才得到了进化。

我们在鸟巢边上或下面发现的雏鸟尸体,有的身体上面还有被亲鸟嘴巴啄过的痕迹。海因索恩教授认为,执行杀子行为的是育雏期间无法离开巢穴的雌性亲鸟。

杀掉卵和雏鸟,实在是让人不忍直视的行为。而亲鸟给雏鸟的差别性喂养,以及亲鸟对卵及雏鸟所在的巢的遗弃,其实和消极的杀子行为差不多,这些行为我们人类都很难接受。然而,这才是在大自然优胜劣汰的规则下,鸟儿们为了留下更多后代而进化出的真实样态。

# 1

# 雄鸟试图和更多的
# 雌鸟交配

# 雄鸟期待一夫多妻

## 雄鸟为了留下更多的后代

雄性动物为了留下更多的后代，最好的方法就是和更多的雌性交配，让它们怀上自己的宝宝。换句话说，雄鸟期待一夫多妻制。在哺乳动物当中，很多物种都实现了一夫多妻制，比如象海豹和大猩猩。

鸟类当中也有很多物种实现了一夫多妻制。在日本生活繁殖的鸟，如东方大苇莺、黑眉苇莺、斑背大尾莺、鳽鹩等物种中，就有许多雄鸟拥有不止一个妻子。其中妻子最多的非棕扇尾莺莫属，我们曾发现一只雄性棕扇尾莺竟然拥有 11 个老婆。

有的研究人员认为，生活中常见的日本树莺同样也是一夫多妻制。然而，由于日本树莺喜欢在茂密的灌木丛中筑巢，所以人们很难观测到它们的实际生活状态。初生牛犊不怕虎，我在上越教育大学读研究生时，在不了解观测困难的状态下选了日本树莺的繁殖生态作为研究课题。现在回想起来确实是鲁莽了些，但当时仗着年轻，硬是拨开灌木丛寻找日本树莺的巢，最多在同一雄鸟的领地里发现了7个巢穴（图1）。其他雄鸟的领地里也常常有不止1只雌鸟筑了巢，这说明日本树莺中一夫多妻的现象是十分常见的。

图1 日本树莺一夫多妻的案例 历经大约2个月的观察，发现了某一雄鸟领地内的7个巢穴，此图代表雄鸟与筑巢雌鸟的繁殖过程。由于巢4的雌鸟无法确认，我们认为这个雄鸟有6只或7只雌鸟作为配偶。（转载自滨尾章二（1992）日本鸟学会志40：51-66，有改动）

| 鸟巢序号 | 雌鸟 | 5月 | 6月 |
|---|---|---|---|
| 1 | F113 | | |
| 2 | F116 | | |
| 3 | F118 | | |
| 4 | F124？ | | |
| 5 | F109 | | |
| 6 | F124 | | |
| 7 | F132 | | |

▧ 筑巢　□ 产卵

■ 抱卵　▦ 巢内育雏

✕ 繁殖失败（被捕食）

## 为什么一夫一妻制的鸟儿更多？

实际上，鸟类中只有不到 10% 的种类是一夫多妻制，其余 90% 以上的物种都是一夫一妻制。我们认为，造成这种现象的主要原因是育儿成本的制约。我们以麻雀和燕子的育儿为例来看。

刚孵化出的雏鸟光秃秃的、没有羽毛，眼睛也没有睁开。如果没有亲鸟把它们抱在怀里温暖它们的话，雏鸟在很短的时间内就会死亡。可是一只亲鸟不能在抱雏温暖小鸟的同时到外边寻找食物，所以夫妻双方必须合作育儿。当雏鸟长大后，亲鸟就没有抱雏的必要了，但是此时小鸟的食量增加，且巢内会有五六只这样的小鸟嗷嗷待哺，单靠一只亲鸟很难找到足够的食物供养它们。

因此，鸟类的育儿是项大工程。如果雄鸟和一只雌鸟交配后，就急着找别的雌鸟交配而放弃了育儿，那么雏鸟就很难健康长大，甚至可能死掉。所以雄鸟在交配后依然会选择维持配偶关系，和雌鸟一起哺育雏鸟，这是它们为了留下自己的后代必须要做到的事情。于是孩子就成了双方的纽带,虽然雄鸟可能并不情愿,但是大部分鸟儿们还保持着一夫一妻制,这就是真实的现状。

## 从育儿中得到解放

部分物种的雄鸟能够实现一夫多妻制,主要是因为雌鸟可以独自抚养雏鸟长大。日本树莺和棕扇尾莺的雄鸟几乎不会到自己孩子所在的巢去,更不会参与育儿。但是,人类从来没有发现过日本树莺雏鸟饿死的现象(小笠原诸岛的各个小岛例外)。我们推测是因为日本树莺进行繁殖的灌木丛中昆虫比较多,可以作为它们的食物,雌鸟能够独自喂养雏鸟。棕扇尾莺的雏鸟的食物有六成是蝗虫等直翅目的昆虫,这些昆虫在棕扇尾莺筑巢的草原上极为常见。总的来说,将容易捕捉的昆虫作为食物,使雌鸟独立哺育雏鸟变为了可能。

东方大苇莺、黑眉苇莺、斑背大尾莺的雄鸟虽然会给雏鸟喂食,但是在一夫多妻的情况下,有的雌鸟还是无法得到雄鸟的帮助,因此它们所在的环境也一定是易于获取食物的，这让雌鸟也能独自完成育儿工作。

雏鸟当中，有孵化时赤裸身体闭着眼睛的晚成雏，还有长着羽毛能走能游的早成雏。鸡和鸭的雏鸟是早成雏，生下来就会自己寻找食物，它们父母的育儿工作就很轻松。从这个角度来说，早成性的鸟（鸡形目、雁形目等）都适合一夫多妻制，不过事实并非如此。它们除了交配之外，并没有需要雌鸟和雄鸟携手处理的工作，很难产生夫妻感情。大部分野鸭类的雌鸟一旦开始抱卵，雌雄双方的配偶关系就解除了。但或许是由于它们的繁殖期非常短，雄鸟是不会企图一夫多妻再去寻找其他雌鸟的。长尾鸭的雄鸟在雌鸟育儿期间，会凑到一起集中换毛。也许它们是想趁着食物丰富的时候，尽快完成换羽毛这件耗费能量的事儿吧。

## 为什么不是一夫一妻？

按理说雄鸟和雌鸟的数量应该大致相同，为什么会出现一夫多妻的现象呢？事实上，并不是所有的雄鸟都能找到多个雌鸟作为配偶。我在高中当老师的时候观察过黑眉

苇莺，发现有的雄鸟有多个配偶，有的只有一个配偶，还有很多是单身。其他一夫多妻制的鸟儿也一样，有的雄鸟坐拥后宫，有的雄鸟根本找不到配偶，这才是实际情况。

日本树莺和棕扇尾莺等的雄鸟能找到多个雌鸟作为配偶，还有其他的原因。那就是这些品种的雌鸟会不断更换配偶，这对于雄鸟来说同样是得到新的雌性配偶的机会。日本树莺的卵和雏鸟很容易被捕食，它们产的卵当中只有两到三成能顺利成长为幼鸟并离巢（参考图1）。雌鸟在失去自己的孩子后，就会搬迁到其他雄鸟的领地里，重新筑巢繁殖。而在幼鸟顺利离巢的情况下，如果雌鸟打算继续繁殖的话，那么它们同样会搬迁。因此，在整个繁殖期当中，求偶的雌鸟有很多，雄鸟自然就能够得到很多雌鸟作为配偶了。讽刺的是，捕食者攻击巢穴，反而给了雄鸟和雌鸟更多的交往机会（图2）。

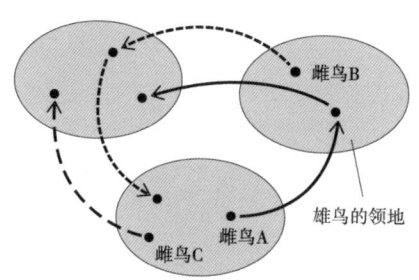

图2 日本树莺一夫多妻制产生的原理 一夫多妻制产生的原因并不是雌鸟数量多于雄鸟数量，而是因为雌鸟会在不同雄鸟的领地间搬迁，它们在每次繁殖期都会和不同的雄鸟交配，从而产生一夫多妻的现象

日本树莺的雄鸟不一定会同时和多只雌鸟保持配偶关系，形成自己的后宫。而对于雌鸟来说，由于它们不停更换配偶，相当于也形成了一妻多夫的关系，只不过与不同配偶的交往时间没有重合。一般来说，我们不认为日本树莺是一妻多夫的鸟儿。毕竟有的日本树莺是一夫一妻，有的日本树莺是一夫多妻，它们拥有很多形式的配偶关系。而每一只雄性日本树莺都会积极争取一夫多妻，即使有些

雄鸟并没有成功,因此我们认为日本树莺的婚姻形态是一夫多妻(制)。鸟儿们的婚姻形态除了一夫一妻、一夫多妻,还有一妻多夫、多夫多妻、乱婚等,有机会我们再详细介绍。

# 雄鸟热爱出轨

## 雄鸟留下后代的第二个方法

雄鸟可以通过吸引众多雌鸟，尽可能多地留下自己的后代，其中最好的方法是找到足够多的配偶，形成一夫多妻的状态。然而，很多鸟儿必须要雌雄亲鸟协同育儿，所以这些品种的鸟儿不得不保持一夫一妻的状态。

实际上，雄鸟要留下更多后代，除了找到更多配偶，还有其他的方法。那就是和非配偶关系的雌鸟交配，使卵子受精。如果交配顺利，卵子成功受精，那么雌鸟会和它自己的配偶共同抱卵育雏。雏鸟实际的父亲不用出一分力就能留下后代，简直是捡了大便宜。

实际上，雄鸟们都会利用寻找配偶和建立非正当关系这两种方式，企图留下更多的后代。由于它们使用了这两种方式，所以我们认为雄鸟采用了"混合繁殖战略"，这个战略在人类的道德伦理上根本站不住脚。然而，完全不出轨的雄鸟比热爱出轨的雄鸟留下的后代要少得多，子孙凋敝，这些雄性的基因也就慢慢消失了。在进化的巨大压力下，只有那些能够留下更多后代的生物，它们的子孙才能继承优秀的基因，从而在摇骰子般的残酷生存斗争中脱颖而出。目前生存在地球上的生物，无一不是擅长留下后代的佼佼者。

## 对出轨现象的观察

在野外调查雄鸟出轨的概率问题，是一件非常困难的事情。恰好成田章在上越教育大学研究生院的时候围绕黑尾鸥做了相关研究，我们一起来看看。

青森县的芜岛有许多黑尾鸥筑巢生活，成田章将这里作为观察地点。工作的第一步是捕获黑尾鸥，并且为每一只都戴上象征身份的带色足环。这是为了在黑尾鸥交配的时候分辨出它们到底是在行使夫妻义务，还是在出轨。

人类一进入筑巢基地，很多黑尾鸥就飞起来，不是拉屎就是过来踢人的头。观察人员只好一直戴着头盔，身上都是鸟屎，工作条件十分艰苦。他们自制了许多捕获黑尾鸥的工具陷阱，但有些鸟儿就是不上当，据说最后是用上了水枪发射染色液标记了这些鸟儿的羽毛。

观察组克服重重困难，历经 780 小时，共观测到 866 次交配情况，其中大部分都是配偶间进行的，出轨仅占了 3%。不过，29 只雄鸟当中有 28 只都尝试过出轨，时间集中在雌鸟产卵前夕、容易受精的时间段。成田章认为，雄鸟出轨的目的是使卵受精、留下后代。

日本还有涉及白额燕鸥与牛背鹭出轨情况的调查。白额燕鸥的出轨率是 7%，牛背鹭的出轨率是 34%。这些数字和黑尾鸥的研究一样，都是经过标记个体和长时间的观察得来的，背后是难以计算的辛劳，是十分宝贵的成果。

## DNA 检测下的出轨实况

出轨生下的雏鸟到底有多少呢？没有被人类发现出轨的那些物种，雄鸟也会使用混合繁殖战略吗？利用 DNA 检测技术进行的亲子鉴定回答了这些疑问。1990 年前后，DNA 检测技术逐渐成熟，许多研究开始围绕不同鸟儿的出轨受孕情况展开。

研究发现，在大多数鸟类当中，出轨受孕是十分常见的事情。例如，欧洲大山雀就有 7% 的雏鸟是出轨受孕的产物，而养育了这些雏鸟的鸟巢竟占鸟巢总数的 31%。这两个数字不同的原因在于，一个巢中只有一部分雏鸟是出轨受孕的产物。假设每一对鸟夫妻都养育了 5 只雏鸟，而在被调查的 10 个鸟巢当中，有一半的巢内有 1 只雏鸟是出轨受孕的产物。那么在这种情况下，有 10% 的雏鸟是出轨受孕的产物，而在 50% 的鸟巢内可以观察到这些小鸟。

其他的品种也一样，崖沙燕有 14% 的雏鸟（巢占 36%）是出轨产物，连在南极和睦育儿的阿德利企鹅也有 9% 的雏鸟（巢占 11%）来自出轨。要说在一夫一妻的鸟儿中出轨受孕率最高的当属芦鹀，它们的幼鸟竟然有 55% 是出轨后生下来的，在 86% 的巢中都能发现这些非配偶的孩子。

当然，我们在灰背隼和林柳莺等鸟儿当中没有发现出轨生子的现象。但是，有前人在翻阅 150 多种鸟儿的研究成果后，总结出 90% 以上的鸟儿都会出轨受孕，这足以表明大部分物种的雄鸟都会采用混合繁殖战略。

### 出轨受孕率为什么不同？

出轨受孕率不仅在不同的物种之间有区别，哪怕是生活在不同地域的同一个物种之间，这个数字也会有差异。法国南部的蓝山雀在大陆上生活时，出轨生下的雏鸟仅占总数的 14%，而在小岛上这个比例高达 25%。此外，斑姬鹬的幼鸟在挪威仅有 4% 是私生子，比例极低；而到了瑞典，这个比例就变成了 24% 左右，增幅巨大。

因此，出轨受孕的难易程度在不同物种间、同一个物种的不同种群间都有很大差异。关于差异产生的原因，有的学说认为个体密度较高时更容易发生出轨，那么出轨受孕的概率自然就高。还有的学说认为，繁殖期内种群关系较为和谐时，出轨受孕就更加容易。然而，又有许多研究结果与以上学说的推测完全相反，所以我们目前还不能断定影响出轨受孕率的具体原因。

为了弄清楚出轨受孕率出现差异的原因，我们有必要调查每个物种，每个种群下的雌雄鸟在出轨交配这件事上的收益与风险。雌鸟为什么会接受配偶之外的雄鸟？雄鸟对自己妻子出轨的事情有没有采取措施？这些问题我们都必须弄明白。

# 阻止妻子的婚外情——雄鸟的父权防卫

## 防止出轨的手段

雄鸟们为了留下自己的后代，除了寻找配偶，还会选择出轨。这对于鸟丈夫来说是件危险的事情，因为这意味着自己的鸟妻子有可能也会出轨。一定有人认为："雄鸟会采取一些措施防止妻子出轨吧。"的确，一旦雌鸟出轨，所产的卵中就会有一部分（有时是全部）是其他雄鸟干的好事。对于鸟丈夫来说，自己后代的数量减少了不说，还得花力气养育别人的孩子。从这个角度上讲，雄鸟们防止妻子出轨的手段不可能不丰富。

雄鸟防止妻子出轨的手段之一，就是紧跟在妻子身边，任何时候都寸步不离。通过这种方式，可以防止自己的妻子和别的雄鸟交配。我们把这种行为叫作"骑士护花"。

例如，黑眉苇莺的雄鸟在找到配偶前会不停地鸣啭来吸引雌鸟，但一旦找到配偶后会立刻停止，转而紧紧跟在雌鸟身后。雌鸟在搬运枯草等筑巢材料时，雄鸟会一直追在它的屁股后面，走到哪儿跟到哪儿。不小心跟丢了的话，雄鸟就会站在最高的草尖儿上，发出短促的叫声，仿佛在呼喊雌鸟。

大山雀和燕子等鸟儿也一样，结为配偶的两只鸟总是形影不离，雌鸟去哪儿，雄鸟立刻就会跟在后面。人类看了还以为是它们的关系好，实际上这是雄鸟防止对方出轨的手段。所谓"骑士护花"，其实就是防止其他雄鸟接近自己的配偶。换个角度来说，雄鸟保护的并不是雌鸟，而

是它自己的父权（做孩子生物学上的父亲），是一种利己行为。骑士护花，是许多物种的雄性在保卫自己的父权时会用到的方法。

## 鸟类的交配

不知道大家有没有见过鸟类的交配呢？我虽然一直在从事鸟类繁殖生态相关的研究，可是也没看清楚过几次研究对象的交配，确切来说日本树莺的只看到了 4 次，黑眉苇莺的则是一次也没看到过。

一般来说，交配是雄鸟在张开翅膀保持平衡的状态下停在雌鸟的身体上，一瞬间就结束了。这是因为鸟类的交配只需要双方的泄殖腔（即肛门部分，图 3）进行接触就可以完成。鸟类和哺乳类动物不一样，粪便、尿液、精子（或卵子）都是经同一个地方排出体外的。双方的泄殖腔接触后，精子就会进入雌鸟体内，顺着输卵管上游，等待卵子从卵巢内赶来。当卵巢排卵后，在输卵管末端等候的精子就会大显身手，使卵子受精。受精 1 天后，受精卵（卵黄）

的周围会长出卵白、卵壳膜（蛋白和蛋壳之间的薄衣，就是剥煮鸡蛋的时候偶尔很难剥的那层薄膜）和卵壳，此时雌鸟就可以产卵了。

交配后，精子在雌鸟的输卵管内可以保持十多天的活性，这个数据有家鸡和金嘴雀的实验作为支持。一旦雌鸟出轨，配偶的精子和出轨对象的精子就会同时存在于它的体内。在这样的条件下，让自己的精子与卵子结合，就成了雄鸟保卫父权的第二个手段。

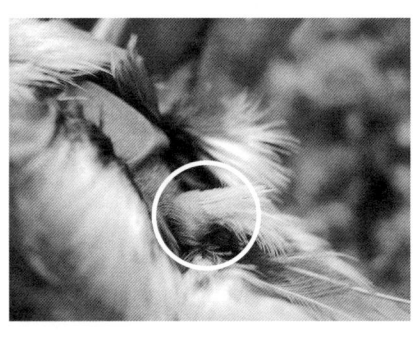

图 3　暗绿绣眼鸟的雄鸟突出的泄殖腔　繁殖期雄鸟的泄殖腔有时会呈球状突出。输精管在这个部位弯曲排布成线团状，储备了大量精子。交配次数多的物种，雄鸟的泄殖腔会显著突出。这个部分是不长羽毛的裸域，所以我们可以看到鸟儿的皮肤

## 用精子的数量取胜

如果雄鸟提供了大量的精子，那么即使雌鸟出轨了，第三者的精子与卵子结合的可能性也会大大降低。于是，鸟丈夫会选择增加交配的次数，通过用精子数量压倒对方的手段，保卫自己的父权。这就是多次交配。

苍鹰每次繁殖一般只会产下 3 枚卵，而鸟丈夫则会进行数百次交配。同属鹰形目的鹗也会交配几十次。除此之外，集体筑巢的物种中也有很多鸟儿有多次交配的习惯，例如北鲣鸟会交配 100 多次，美洲白鹮则会交配 30 次左右。

如果只是为了让卵子受精，那么极少次数的交配就可以提供足够的精子了。实际上，有记录表明，云雀在单次繁殖中仅交配 1 次，而喜鹊也只交配了 3 次。采取多次交配的物种，大多数是雄鸟无法一直跟在雌鸟身边的物种。例如，集体筑巢的物种中，雄鸟在离巢寻找筑巢材料和食物时，雌鸟会单独留在巢中防止筑巢材料被盗。在这样的情况下，骑士护花不是一个可行的方法。多次交配作为全新对抗出轨的手段，就应运而生了。

从精子数量上压倒对方，防止其他雄鸟使配偶受精，这个作战方式实在令人惊叹。但是我们可以从中看到鸟类的进化方向：雄鸟就是会想尽一切办法，尽可能多地留下自己的后代。这是被大自然认可的特质。

## 出轨受孕已成定局后的手段

当出轨受孕已成定局后，雄鸟再想保卫自己的父权，还能采取什么样的手段呢？有的研究人员认为，存在出轨受孕现象的鸟巢当中，雄鸟也许会在育儿工作上偷懒。然而，针对许多物种的实验都表明，雄鸟并不会这样做。当然也有研究证实，实验中人为地创造出雌鸟出轨的假象后，雄鸟会直接放弃育儿。当人类在蓝脚鲣鸟产卵前捕获雌鸟一段时间，让雄鸟无法骑士护花后，它就不会为雌鸟所生的第一枚卵保温，而是会把它直接推出巢。由此推测，哪怕是在自然状态下，当雄鸟怀疑雌鸟出轨受孕时，也许确实会在育儿工作中偷懒。

但其实，雄鸟好像无法通过观察雏鸟判断它们是不是自己的孩子（没有相关研究证实它们可以做出判断）。因此，雄鸟没办法准确地把配偶出轨生下的雏鸟挑出来扔到巢外，只抚养自己的孩子。所以即使一群雏鸟中有可能混入了第三者的孩子，雄鸟也只能为了自己的孩子忍气吞声，一视同仁地照顾所有雏鸟。

# 雄鸟的精力分配——什么时候做什么事

从春季到初夏这段繁殖期，雄鸟需要做很多工作。为了留下更多的子孙，它们必须要在对的时间做好对的事情，合理分配自己的精力。

## 鸣啭和骑士护花

雄鸟在繁殖工作中，第一个任务就是寻找配偶。小型鸟类的雄鸟都是靠不停鸣啭吸引雌鸟的注意。雄鸟的鸣啭，不仅对雌鸟来说富有吸引力，同样也会引来它们的捕食者，所以风险很大。此外，一般来说雌鸟更喜欢复杂的鸣啭，所以雄鸟的叫声中必须包含许多种类的声音，否则很难被雌鸟选中。鸣啭行为本身带着风险，但是为了寻找配偶却又不得不这样做，这才是雄鸟面对的现实状况。因此，雄鸟们绝对不是因为突然心情好，才一展歌喉的。

当雌鸟在自己的领地内定居，与雄鸟结成配偶关系后，雄鸟的鸣啭就不再活跃。东方大苇莺和黑眉苇莺会马上停止鸣啭，甚至让人以为它们突然死掉了。大山雀和三道眉的雄鸟在得到配偶后，鸣啭的频率也会显著减少。

找到配偶的雄鸟，会专心做骑士护花的工作。一旦雌鸟与其他的雄鸟交配（出轨），且卵受精后，雄鸟就不得不陷入照顾其他雄鸟的后代的困境中，所以为了防止这种情况出现，它们会寸步不离地守卫在雌鸟身边。

### 悲哀啊，多妻的雄鸟

骑士护花是项十分辛苦的工作。雌鸟有时会主动寻求出轨，所以雄鸟必须时刻保持警惕，不管雌鸟到任何地方，它都要寸步不离地跟在后面，防止跟丢。燕子的雄鸟在这期间，大约 10 天就会轻 2 克，这意味着体重减轻了 10%。所以说骑士护花是一项要付出很多的任务，并非轻轻松松就能完成。

此外，同时保护众多妻子更是艰巨的任务。我在调查中发现，黑眉苇莺的雄鸟在不得不同时保护多个妻子时，雌鸟有很强的出轨倾向。采用 DNA 技术进行亲子鉴定后发现，如果雄鸟骑士护花时，雌鸟最为重要的受孕关键期（交配后极易受精，产卵前到产卵时的一段时期）在多个鸟妻子之间出现了重合，出轨受孕就成了特别常见的现象[1]。有的雄鸟虽然坐拥三个妻子，但是其中两位却都发生了出轨受孕现象。所以虽然有的雄鸟为了尽可能多地留下后代，追求了很多妻子，但是却没能保卫好自己的父权。

---

1　当巢被捕食者摧毁，雌鸟需要再次筑巢时，一夫多妻制家庭的雌鸟之间有可能会出现受孕关键期重叠的现象。

### 在妻子抱卵期出轨

产卵结束进入抱卵期后，雄鸟的空闲时间就多了，这是因为大多数鸟儿都由雌鸟承担抱卵工作。巢中的工作由妻子一力承担后，雄鸟主要盘算的就是去勾搭其他雌鸟了。

雄鸟在这个相对空闲的时期，会偷偷溜进其他雄鸟的领地，找它们的妻子来段婚外情。我在调查中发现，黑眉苇莺雌鸟出轨受孕的外遇对象就是生活在附近的雄鸟，这些雄鸟趁着自己的妻子在抱卵期，就偷偷跑出来搞外遇了。这意味着，雄鸟外遇对象的受孕关键期和其妻子的抱卵期要有很大重叠。在出轨并受孕成功的案例中，这个重叠的时间平均为 6.4 天。

相反，当附近雌鸟（外遇对象的候补选手）的受孕关键期和妻子的抱卵期完全不重叠时，雄鸟就没办法让其他雌鸟受精，至少我们没有发现相关案例。

此外，部分品种的雄鸟会在雌鸟抱卵期寻求一夫多妻的可能。它们会像单身时一样，再次开始活跃地鸣啭，东方大苇莺是这个做法的典型代表。有一些黑眉苇莺、林柳莺同样会这么做，主要影响因素是地域和个体差异。

从人类的角度来说，在妻子忙着抱卵时找小老婆或者出轨实在是太自私无耻的行为。但是，为了尽可能留下更多的后代，这种性质在进化中被选择，可以说也有自然界的道理。

### 根据情况调整精力分配

随着繁殖过程的推进，雄鸟就像被安了开关一样，会随时调整行为，有时还会陷入想要同时处理两个任务的困境当中。

在北欧的瑞典进行繁殖的东方大苇莺，只有5月中旬到7月中旬这两个月的繁殖期。雄鸟如果想要达成一夫多妻的状态，就只能在繁殖前半期尽快努力。如果错过这个时间，雌鸟就不再寻找配偶了。因此，在繁殖前半期，即使妻子还在受孕关键期（产卵前），雄鸟也会再次鸣啭，企图吸引其他的雌鸟。雌鸟每天产1枚卵，大约一共产5枚。雄鸟会从雌鸟开始产卵的那天起，放弃骑士护花，重新忙着鸣啭。就算自己的配偶（原配妻子）多少有一些出轨受孕的风险，但这个时候想必多找几个老婆收益更大，因为能够生下更多的孩子。

可是这样的雄鸟们，到了繁殖后半期，却会认真履行骑士护花的任务，直至雌鸟的受孕关键期结束。实际上，雄鸟在繁殖后半期很难找到新的配偶，而且此时跃跃欲试侵入领地来勾引处于受孕关键期的雌鸟出轨的雄鸟会突然增多。因此，这个时期骑士护花的收益会增高。

到底是应该鸣啭求偶还是应该骑士护花呢？季节更替下不同的求偶难度与配偶出轨受孕的风险都是影响因素，而雄鸟们会根据实际情况选择合适的行为。

# 2

## 雌鸟对伴侣很挑剔

# 挑剔的雌鸟

## 雌鸟图的是什么？

雄鸟为了留下更多后代，要和许多雌鸟交配，并且使它们受孕。当配偶数量从一个增加到两个、三个时，孩子的数量也会两倍、三倍地增长。然而，雌鸟就算和再多的雄鸟交配，也未必能增加孩子的数量。对于雌鸟来说，自己能够产下的卵的数量越多孩子的数量才越多。那么，雌鸟要想子孙兴旺，应该怎么做才好呢？

雌鸟能做到的事情是，尽量让自己的孩子拥有适宜生存的能力。自然界中，很多生物会死于饥饿、疾病以及天敌的袭击。能够长久生存并持续繁殖的，只有其中极少的一部分。对于雌鸟来说，哪怕孩子的数量是确定的，健康长寿、多子多福的孩子和毫无魅力、很难留下后代的孩子之间还是有很大区别的。

为了生下高品质的孩子,选择配偶就成了十分关键的事情。再怎么说,孩子身上除了有雌鸟一半的基因外,还要从父亲那里继承一半。除了雄鸟的基因,它的领地也需要被好好斟酌。如果雄鸟的领地中没有适合筑巢的安全场所或者足够的喂养幼鸟所需的食物,那也没办法养育出健康结实、生存能力强的孩子。

雌鸟会尽可能找条件优越的雄鸟结为配偶,条件优越主要指雄鸟要拥有好的领地,对抗天敌的能力强,不易生病等。可以说,雌鸟在繁殖的时候,对配偶尽显极致的挑剔本色。

### 雌鸟的选择

雌鸟对配偶的选择,二三十年前就成了炙手可热的研究方向。每期学术杂志都有多篇论文和这个话题有关,这些论文为我们解释了雌鸟会选择什么样的雄鸟做配偶,以及被选中的雄鸟是否真的十分优秀等问题。例如,尾巴长的雄鸟（如长尾巧织雀）容易得到更多的配偶，形成一夫多妻的局面；领地更大的雄鸟（如水蒲苇莺）能够早早地找到配偶等。这些例子都表明，雌鸟会严格挑选自己的配偶。

长谷川克在筑波大学读研究生时，对日本的燕子进行了研究，彻底挖掘出了雌鸟的偏好。这类研究需要实际观察很多繁殖案例。在风雪天气多的商业街上，各间店铺的房檐会连在一起，为行人提供方便。长谷川克发现燕子就爱在这些房檐上搭窝筑巢，于是在新潟县展开了研究。

燕子的雌雄鸟都是喉部呈红色、尾部有白色斑点。长谷川克在调查中发现，雄鸟跟雌鸟比，喉部的红色更浓、尾部的白斑也更大。并且，雄鸟当中那些喉部红色更浓、白斑更大的个体会更早找到配偶。换句话说，具有以上特点的雄鸟更受雌鸟欢迎。实际上，喉部红色更浓的雄鸟在次年飞回的比例也更高，所以我们认为它们是长寿且基因优秀的个体。

此外，雌燕还有选择领地内旧巢多的雄鸟的倾向，因为这代表着雄鸟的领地内曾经有很多雌鸟繁殖成功的案例，是十分不错的筑巢场所。长谷川克的研究为我们简单易懂地解释了雌燕的择偶条件，它们会通过多个方面的综合评价选定基因好，拥有安全筑巢场所的雄鸟。

## 选择哪一只雄鸟？——实验室内的求婚大作战

我们在野外很难观察到雌鸟比较多只雄鸟的条件并且选定配偶的过程，所以接下来将为大家介绍一些实验，它们在室内条件下调查了雌鸟偏好。

在北美分布广泛的美洲家朱雀中，明亮鲜红的雄鸟最受雌鸟欢迎。这种鸟的雌鸟通体褐色，雄鸟的头部到胸部则呈红色。实验人员为雌鸟提供了多只雄鸟作为配偶选择，结果表明，雌鸟会接近红色更为鲜艳的雄鸟。让雄鸟羽毛呈红色的是类胡萝卜素，这种色素鸟类无法自行合成，只能从食物中获取。换句话说，红色越鲜艳代表雄鸟摄取的类胡萝卜素越多，证明它抢夺食物的能力更强。雌鸟将红色作为线索，选择了更优秀的雄鸟。

大山雀的雄鸟鸣啭声音越复杂，就越受雌鸟的喜爱。每只大山雀的雄鸟都会很多种鸣啭方法，包括"啾嘀啾嘀""叽嘀叽嘀"等，这些都是它们的拿手绝活。实验人员为人工饲养下的雌鸟放了不同的鸣啭录音，结果发现声音的复杂程度越高、鸣啭方式越多，雌鸟对雄鸟表现出求偶炫耀、催促交配的频次就越高。雄鸟要想进行复杂的鸣啭，负责发出声音的鸣管附近的肌肉就要十分发达，同时负责指挥的神经系统也必须足够强大。当然聪明的大脑也不可或缺，

这样才能学会复杂的鸣啭。大山雀的雌鸟正是通过比较鸣啭声，选出了优秀的雄鸟。

### 不利于生存的特质更受欢迎的矛盾

应该有人会提出质疑："颜色鲜艳的雄鸟不是更容易被捕食者发现吗？""活跃地进行复杂鸣啭，不但浪费能量，还白白浪费了寻找食物的时间吧？"说的没错，雌鸟偏爱的雄鸟特质当中，很多都和长寿关系不大，甚至是不利于生存的。那么为什么，雌鸟会喜欢这样的雄鸟呢？

其实换个角度想想，颜色鲜艳还能从捕食者的手下逃脱并且活下去的雄鸟，观察力一定十分敏锐，飞行速度也极快，是非常优秀的个体。忙着嘹亮鸣啭的雄鸟还能够找到食物补充足够的能量，也说明它十分优秀。换句话说，哪怕颜色鲜艳和鸣啭活跃不利于生存，这些雄鸟还是能够过得很好，这让不利生存的特质反而成了他们强大的象征。也正因如此，雌鸟才会喜欢具有这些标志的高品质雄鸟。

如果是不够优秀的雄鸟颜色鲜艳或者鸣啭复杂的话，

想必它们早就被天敌抓走吃掉，或者因为找不到食物而饿死了。优秀的雄鸟哪怕有颜色鲜艳等劣势，也能生活得很好，这和"劣势补偿原则"差不多。

大胆点说，优秀雄鸟做到了差生雄鸟完全做不到的"困难大冒险"，雌鸟看到它"身处险境却依旧泰然自若"的表现，恐怕只会更着迷。我在网上的视频中看到，长尾巧织雀雄鸟的尾巴异常地长，飞起来特别不方便；求偶中的红顶娇鹟的雄鸟，居然会跳一种类似太空步的神奇舞蹈。类似这样毫无意义的事情，只要它是困难的，那就是雄鸟优秀的证明，雌鸟就会以此作为择偶的判断标准。

我们在观察鸟类时，可以带着这样的视角去观察雄鸟那些和雌鸟不一样的长相和行为，一定十分有趣。

# 出轨交配——雌鸟能收获什么？

## 交配时雌鸟的行为

雄鸟出轨并且让雌鸟顺利受孕的话，就能留下更多的后代。因此，雄鸟积极谋求出轨的行为不难理解。人们也曾经在野外观察到雄鸟飞出自己的领地，到有雌鸟的领地里"出差"的行为。我在调查中发现，有的黑眉苇莺的雄鸟会突然停下鸣啭，转而侵入附近的领地，偷偷在草丛中移动。雄鸟们侵入的领地内大部分都有处在受孕关键期的雌鸟，所以我推断雄鸟的目的就是出轨偷情。

接下来，让我们换个角度，从雌鸟这一方分析出轨行为。如果雄鸟是剃头挑子一头热，雌鸟并不配合的话，交配很难成功。这是因为交配时，雌鸟需要先低下腰，摆出接受交配的姿势，雄鸟才能飞到它身体上面，通过两只鸟泄殖腔的接触，实现精子的转移。也就是说，雌鸟在交配中并不是完全被动的角色。

雌鸟分明是积极配合出轨的，或者说是主动想要出轨的。那么，雌鸟出轨的理由到底是什么呢？

### 雌鸟出轨后的收益

关于雌鸟出轨的理由，人们提出了很多假说，其中之一是为了确保成功受孕。雌鸟有时会生下没有受精的卵（无精卵）。如果卵没有受精的话，雌鸟为这枚卵提供的营养和抱卵花掉的精力就都白费了。如果鸟丈夫的精子质量或数量有问题导致受孕并不顺利的话，雌鸟选择出轨为受孕增加一重保障也是个不错的选择。

这个假说后来被当时在北海道大学研究生院的油田照秋证实了。油田用大山雀进行了一个具有独创性的野外实验。实验团队首先将大山雀第一次筑巢繁殖时产下的卵都换成了人工卵。人工卵和无精卵一样，怎么保温都无法孵化出小鸟，于是雌鸟最终都弃巢离开了。经历了这些的雌鸟们，与同样的雄鸟再次筑巢繁殖时，有高达83%的概率会出轨受孕。而第一次繁殖并没有被换卵、成功孵出幼鸟的雌鸟们，第二次筑巢繁殖时并没有那么高的出轨受孕概率（但也高达48%）。

实验证明，如果雌鸟在第一次筑巢过程中发现自己的鸟丈夫有生殖方面的问题，第二次筑巢繁殖时就会更加积极地出轨。

有关雌鸟出轨的理由，除了确保受孕这个解释之外，人们还提出了许多其他的可能性。包括求爱的第三者会求偶喂食，雌鸟只是为了得到食物，以及增加自己孩子基因的多样性等。下一节将为大家介绍另一个十分有力的学说。

## 婚后也没有放弃挑选孩子的父亲

雌鸟在配偶的选择上十分挑剔，都想和健康长寿的高质量雄鸟在一起。然而，雌鸟到各个领地寻找雄鸟时可能会发现，优秀的雄鸟已经被抢走了，剩下的未婚雄鸟都是一些歪瓜裂枣。这时只能将就成婚的雌鸟，之后和优质雄鸟偷情也就在情理之中了。这是因为雌鸟可以通过出轨的方式，为自己的孩子争取优质雄鸟的基因，让它们健康且长寿。

我们再介绍一个有关牛背鹭的研究，它证明了雌鸟在选择出轨对象时也十分挑剔。牛背鹭一般在杂树林或竹林里集体筑巢繁殖。当时在大阪市立大学研究生院的藤冈正博选择了一块位于池中小岛上的筑巢营地，观察牛背鹭的繁殖行为。他带好足够的食物划船上了小岛，用铁管搭了一个脚手架，每天登上去观察树上的巢和鸟儿们。鹭科鸟类的筑巢区域到处都是鸟粪和吐出来的食物，不仅不干净，而且有点阴森可怕。在这样的环境下，既要自己解决温饱问题，还要进行观察实验，没有恒心和毅力真的很难坚持。

牛背鹭的出轨，往往发生在鸟丈夫离巢寻找食物，雌鸟独自待在巢中的时候。雌鸟一旦独自待在巢中，附近的雄鸟就会跃跃欲试，接近雌鸟企图出轨。这时，雌鸟往往会选择接受地位高于鸟丈夫的雄鸟，而那些地位低于鸟丈夫的雄鸟更可能受到雌鸟的攻击（图4）。牛背鹭的雄鸟之间，是通过在筑巢区域内的争斗确定地位的。雌鸟能够充分认识到这一点，并且尽可能地为孩子争取强大雄鸟的基因。

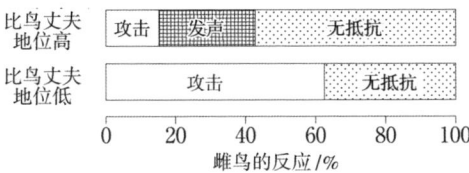

图4　牛背鹭的雌鸟对雄鸟的反应　从鸟丈夫不在时，雌鸟对前来招惹的其他雄鸟的反应可以看出，雌鸟几乎不会攻击地位高的雄鸟，也不会抵抗，并且很容易发生出轨行为。研究人员认为雌鸟发声是为了测试鸟丈夫在不在附近，如果鸟丈夫没有及时赶回巢的话，出轨多半会发生。[藤冈正博（1986）鸟类的繁殖战略（上），山岸哲（编），东海大学出版会，1–30，经许可后改动转载]

## 为孩子争取更强雄鸟的基因

有的研究利用DNA技术对幼鸟进行亲子鉴定，目的是比较鸟丈夫和出轨对象各个方面的能力。我们知道，生活在瑞典的东方大苇莺的雌鸟，会选择比自己的鸟丈夫更擅长复杂鸣啭的雄鸟作为出轨对象。研究分析了 10 只鸟妈妈出轨生下的雏鸟，它们的养父（鸟妈妈的丈夫）在鸣啭方面都不如生父，也就是鸣啭中包含的声音种类较少。除此之外，雄鸟们在其他方面的条件都相当，包括年龄、体形、鸟夫人的数量、拥有领地的日期（一般认为优秀的雄鸟能够更早获得领地）等都没有区别。这说明雌鸟就是通过比较鸟丈夫和出轨对象的鸣啭声，才做出了与能够进行复杂鸣啭的雄鸟偷情的行为。

瑞典的东方大苇莺中，那些会复杂鸣啭的雄鸟的孩子，在次年及以后能够存活下来并返回繁殖地区的比例相对较高。这说明复杂的鸣啭，代表雄鸟拥有优秀的基因，雌鸟正是以此作为标准来选择孩子的父亲。

雌鸟不仅会选择配偶，在婚后也会继续挑选优秀的出轨对象成为孩子的父亲。有的研究者还认为，雌鸟在和多只雄鸟交配后，也许会继续从中挑选合适雄鸟的精子使卵受精。那么,雌鸟是如何对体内的精子进行选择的呢?这个问题倒是饶有趣味,但是目前还没有明确的研究成果。

# 紫外色背后的秘密

## 如果能看到紫外线，世界会变成什么样子？

有的读者应该知道，鸟类能看到人类看不到的紫外线。能够感知到紫外线的鸟儿们，它们眼中的世界是什么样子的呢？

人类的视网膜细胞中，有 3 种能够吸收光的视色素。光的波长范围很广，但是人类只能感知到这 3 种视色素可以吸收的波长范围内的光（图 5）。而太阳光包含各个波段的光，整体看起来呈白色。蓝歌鸲的雄鸟看起来是蓝色的，是因为太阳光照在它们的羽毛上时，只有波长较短的蓝色光被反射，其他波长的光都被吸收了。白腰朱顶雀的额头是红色的，是因为那里只反射了波长较长的红色光。人类就是这样分辨物体颜色的。

　　鸟类和人类不一样，它们拥有 4 种视色素，且其中一种可以吸收波长短的紫外线（图 5）。因此，鸟类除了能看到人类感知范围内的波长的光之外，还能看到紫外线。如果一个物体能够吸收所有人类感知范围内的光线，那么在我们的眼中它就是黑色的。但是，如果这个物体能够反射紫外线的话，那么鸟儿是可以看到这种光的。这种光的颜色，应该叫作"紫外色"。众多物体当中，有一些既能反射紫外线，又能反射蓝色光。这样的物体在鸟类眼中的颜色应该是紫外色和蓝色叠加起来的颜色，是人类很难想象的颜色。这意味着，鸟类不仅能看到人类看不到的紫外线，还能看到由更多复杂颜色构成的世界。

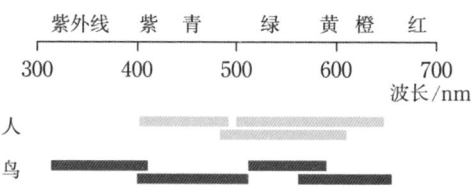

图 5　人类和鸟类的视色素能够吸收的光的波长　人类拥有 3 种视色素，能够感知紫色到红色范围内的光（可见光）。鸟类拥有 4 种视色素，除了可见光之外，还能感知到紫外线。灰色和黑色的线条代表人类和鸟类的视色素能够吸收的波长范围。每种视色素都是对感知范围内靠中心部分的光灵敏度更高，对边缘部分的灵敏度逐渐降低，因此画线范围仅为估值

## 紫外色的靓丽雄鸟受欢迎

本章一开始提到，家朱雀雄鸟的红色部位越鲜艳，就越受雌鸟的欢迎。其实，羽毛颜色鲜艳的雄鸟受雌鸟欢迎，是个十分普遍的现象。想必紫外色也一样，反射紫外线优秀的雄鸟应该也会更受欢迎。

蓝山雀广泛分布在欧洲，与大山雀亲缘关系很近，头上有蓝色的冠羽。这个冠羽能同时反射蓝光和紫外线，其中雄鸟对于紫外线的反射要强于雌鸟。有一个实验是在人工饲养的条件下，为雌鸟们提供了两只雄鸟作为选择，结果显示大多数雌鸟都愿意接近那只冠羽对紫外线反射更强的雄鸟。从结果来看，雌鸟似乎更喜欢紫外色较为鲜艳的雄鸟。但是，将雌鸟与雄鸟之间的距离作为雌鸟选择配偶的标志，这个方式略显牵强。毕竟野外的雌鸟选定雄鸟的标志，是雌鸟要定居在雄鸟的领地内，并且开始筑巢。

还有一个实验是以斑姬鹟为对象，在野外的鸟舍里搭两个巢箱，分别作为两只雄鸟的领地，并且让雌鸟们在两只雄鸟中做出选择，一直追踪观察到雌鸟筑巢为止。两只雄鸟中,其中一只的头顶和背上被涂了混入防晒霜的含硅液体,防晒霜可以吸收紫外线,这意味着这只雄鸟几乎不能再反射紫外线了。而另一只雄鸟身上只涂了含硅液体,这种液体可以帮助雄鸟略微提高一些反射紫外线的能力。实验人员预备了足够的雄鸟组合,两只雄鸟为一组,让13只雌鸟分别进行选择。其中,11只雌鸟选择了紫外线反射能力更强的雄鸟所在的巢箱,并且开始搬运筑巢的材料。恐怕在野外,雌鸟也大概率会倾向于选择紫外线反射能力更强的雄鸟作为配偶。

如此看来,雌鸟就是喜欢颜色鲜艳的雄鸟,且在紫外色和其他颜色上没有体现任何分别。

## 紫外色在婚外情方面也很重要

蓝喉歌鸲是一种在日本不常见的小型鸟，雄鸟的咽喉部位是漂亮的蓝色，十分受观鸟者的欢迎。这个咽喉部位对紫外线的反射同样很强烈。

有一个十分有意思的实验就是在野外围绕蓝喉歌鸲展开的。实验团队在一只雄鸟的咽喉部位涂上了紫外线吸收剂和油，使它对紫外线的反射减弱。同时在另一只雄鸟的咽喉部位只涂了油，让它保持原本的紫外线反射能力。涂好后，实验团队将两只雄鸟放飞，观察它们对雌鸟的吸引情况。两年间，两只雄鸟都分别有 40 只左右的孩子被记录在册。

结果发现，紫外线反射能力弱的雄鸟的配偶开始产卵的日期较晚。这应该是因为这只雄鸟不太受雌鸟的欢迎，所以找到配偶的时间也相对晚些。另外，通过 DNA 技术进行亲子鉴定后发现，紫外线反射能力弱的雄鸟从未成功出轨过，而它的配偶却经常出轨。这说明雄鸟如果没有鲜艳的紫外色羽毛，那么连雌鸟的出轨对象都做不成，自己的鸟妻子还会经常出轨。

这个实验几乎可以证实，野外条件下的雌鸟也十分偏爱雄鸟的紫外色羽毛。

## 谜团重重的紫外色

为什么雌鸟会偏爱鲜艳紫外色的雄鸟呢? 人类暂时还没有搞清楚具体原因。让羽毛呈红色或黄色的色素是类胡萝卜素，它的来源是食物。因此，羽毛的红黄两色较为鲜艳，代表雄鸟获取食物的能力强。那么，拥有能反射紫外线的羽毛，代表雄鸟要面对什么样的困难，具备什么样的能力呢? 有研究证实，虎皮鹦鹉中，紫外色较为鲜艳的雄鸟免疫水平更高，保持健康的能力更强，但是这并没有回答以上疑问。

话说回来，不论以上问题的答案如何，我们要想正确地理解鸟类的两性关系，就一定绕不开人类自己看不到全貌的，包括紫外色在内的绚丽色彩世界。

# "妻管严"的雄鸟们

## 雌雄间的角色反转

大多数品种的鸟儿，都是雄鸟负责占据领地，再用炫耀行为吸引异性。雄鸟还会通过一夫多妻或者搞婚外情的方式，试图留下更多的后代。因此，雄鸟之间是争夺雌鸟的竞争关系。

那么，有没有与此相反，雌鸟为了争夺雄鸟而相互斗争的情况呢？如果有的话，想必雌鸟可以通过和更多雄鸟结成配偶，留下更多的后代吧。简单来说，这样的雌鸟在育儿工作上大概是甩手掌柜，把产卵后的抱卵和育儿都丢给雄鸟完成，而自己则忙着去找下一个雄鸟生孩子了。

这样的性角色逆转[1]，在一妻多夫的鸟儿身上上演着。

---

1　此为 Sex-role reversal 这一专业术语的译名，并不代表雄鸟追求异性和雌鸟照顾孩子是本分，或者说是正常现象。

例如，生活在水田或湿地里的彩鹬就是这样。彩鹬的雌鸟会争夺领地，将翅膀高高扬起向雄鸟求爱。二者顺利结为配偶后，雌鸟会在雄鸟筑的巢里产下 3~6 枚卵，后面的工作都交由雄鸟来完成。雌鸟自己则离开这个配偶，继续找其他的雄鸟求爱。彩鹬雄鸟的颜色较为朴素，而雌鸟的颜色则十分夸张艳丽，在这一点上也和大多数鸟儿是相反的。

婚姻形态是一妻多夫的鸟儿非常少，还不到全部品种的 1%。在日本繁殖的鸟儿当中，棕三趾鹑和彩鹬一样，雌鸟的羽毛更加鲜艳，所以学界推测它们也是一妻多夫。可是棕三趾鹑栖息在奄美到冲绳的区域之间，平时藏在草丛中，观察工作十分不好展开，所以目前人类还不了解它们实际的生态。

## 水雉的雄鸟好可怜

水雉拥有长长的脚趾，常常在湿地的水草上溜达。它们也是一妻多夫制的鸟儿，相关的研究已经有了不少。生活在南美地区的美洲水雉是雌雄同色，但雌鸟比雄鸟个头

大，体重大约是雄鸟的 1.5 倍。每只雌鸟的领地当中有 1~4
只雄鸟生活，是典型的一妻多夫。28 天的抱卵由雄鸟单独
完成，之后长 50~60 天的育儿工作同样是雄鸟做主力。

美洲水雉的雄鸟不仅要独自照顾孩子，有时候照顾的卵
和雏鸟甚至还不是自己的孩子。想想也是，一只雌鸟的领
地里有多只处在繁殖期内的雄鸟，雌鸟和其他雄鸟交配后，
把受精的卵产在自己的巢里的可能性确实不小。通过 DNA
技术进行亲子鉴定发现，有 18% 的雄鸟都在（养自己孩子
的同时）帮其他雄鸟养孩子。受欢迎的雌鸟有 3 个以上的
鸟丈夫时，帮别的鸟照顾孩子的雄鸟更是会高达 50%。从
雌鸟的角度来说，它只是想为自己的孩子找个更优秀的父
亲，这是合乎情理的行为，可是却给雄鸟带来了巨大的伤害。

在繁殖期中，如果领地易主了，那么雄鸟将面临更悲惨
的遭遇。这是因为新来的雌鸟会把所有的雏鸟都杀掉。人
类目前还没有在自然状态下观测到这一过程，但是已经用
人工实验证实了这一点。实验人员将占据领地的雌鸟带走，
第二天就有新的雌鸟过来将领地占为己有，不出 4~5 天就

会将雏鸟都杀掉。雄鸟们当然也会努力保护雏鸟，但实在不是个头更大的雌鸟的对手。雏鸟死掉后，新来的雌鸟会向这些没了孩子的雄鸟求爱，雄鸟会接受并且开始交配（实验人员观察到了骑跨动作）。

刚刚得到领地的雌鸟，如果不破坏雄鸟的育儿工作，就没办法生下自己的孩子。所以对于雌鸟来说，杀了现有的雏鸟有极大的好处，可以让自己的育儿工作顺利开展，这种行为自然也得到了进化。

## 通过交配掌控雄鸟的雌鸟

领岩鹨在高山的山顶附近繁殖，它的繁殖模式是有些奇怪的多夫多妻。大阪市立大学研究生院（当时）的中村雅彦在乘鞍岳做了长达多年的调查，我们一起来看看。

每年五月积雪消融时，从过冬的洼地返回的领岩鹨们，会结成小组开始繁殖。每组的雌雄鸟大概各有 4 只，同性的鸟儿之间有明确的地位区别。它们的求爱就在组内展开，不过与大部分鸟儿不同，这种小鸟是雌鸟主动吸引雄鸟。

雌鸟会抬起尾羽，露出变得通红的泄殖腔，小幅度地摆动尾部，通过这种方式和不同雄鸟反复进行交配。

这样奇怪的行为，会给雌鸟带来什么好处呢？交配的时候能从雄鸟那里得到食物吗？还是交配次数少的话精子就不够用了呢？中村雅彦通过观察发现，雌鸟在交配的时候并不会得到食物。此外，也并不是交配次数越多，无精卵的数量就会越少。

雌鸟就算碰到组外的雄鸟，也一定不会向它们求爱。实际上，雄鸟会帮助和自己频繁交配的组内雌鸟育儿。这些雏鸟很可能是雄鸟自己的孩子，所以它们的行为合情合理。从雌鸟的角度来看，为了让雄鸟帮助自己育儿，就只好和它们频繁交配。

在高山上严峻的环境下，雄鸟帮助育儿是件十分重要的事情。如果有 2 只及以上的雄鸟帮忙，雏鸟几乎不会发生饿死的情况；但如果只有 1 只雄鸟帮忙，雏鸟有 30% 的概率会饿死；而如果完全没有雄鸟帮忙，那么有 60% 的概率雏鸟将会饿死。组内顺位较高的雌鸟发现顺位较低的雌鸟向雄鸟求爱时，会出来捣乱，妨碍它们的交配；而顺位高的雌鸟自己会频繁地与组内众多雄鸟交配，目的是在育儿时获得它们的帮助。于是顺位高的雌鸟能够比顺位低的雌鸟养育出数量更多、生存率更高、体重更重的雏鸟。

在高山这种特殊环境下，雄鸟对于雌鸟来说是十分珍贵的资源，能够在育儿方面提供帮助。雌鸟正是以交配作为手段，实现了控制雄鸟的目的。

中村雅彦在野外调查期间，一直住在汽车里，里面放着自己的财产和实验工具，最后还是山民看不过去主动提供了帮助。我有个朋友帮中村雅彦一起做过调查，据说中村雅彦曾经靠着登山绳悬在半空，手伸进岩石裂缝调查里面鸟巢的情况，他的执着真的令人生畏。一种鸟儿的生态逐渐清晰，将它们最真实的一面展现在人类面前，这样的故事背后几乎都有年轻人将自己的数年青春奉献在调查研究中的身影。

# 3

# 育儿烦恼多

# 男孩儿比较费爹妈？——雏鸟的性别和育儿

## 有了男孩儿更努力的海鸦

我听人说过，"女孩子不费爹妈""养男孩很辛苦"。那么，鸟儿们的情况又是什么样呢？雏鸟是雌鸟还是雄鸟，会对育儿工作的难度造成影响吗？

海鸦是一种在海岸的悬崖上繁殖的海鸟。它们广泛分布在太平洋和大西洋北部，日本只有北海道的天卖岛上有少量海鸦筑巢繁殖。海鸦每次只产一枚卵，由父母双方共同抱卵喂食。加拿大的一项研究显示，如果雏鸟是雄鸟的话，亲鸟就要花费更多的精力养育孩子。

当雏鸟较小时，无论它是雄鸟还是雌鸟，从鸟爸爸那里得到的食物都差不多。而雏鸟慢慢长大到快离巢的时候，鸟爸爸给雄性雏鸟的喂食量会大幅增加。而在鸟妈妈的喂食行为中，就看不到这样的变化。

　　此外，研究人员还观察到了一些连年繁殖的鸟夫妻。比较喂食量后发现，它们生下雄性雏鸟后，要比生下雌性雏鸟时的喂食量增加 26% 左右，这个数据在鸟爸爸和鸟妈妈身上是一样的。海鸦一般是在海里捕捉毛鳞鱼等食物，再回巢喂给雏鸟。喂食对它们来说似乎是重劳动，因为育儿时期亲鸟都变瘦了。当雏鸟是雄鸟时，亲鸟体重大约每天会轻 7 克，这个数字是雏鸟为雌鸟时的 3 倍。海鸦成鸟的体重在 1 千克左右，换算成 60 千克的人类，相当于每天轻了约 400 克。

这个数字直接证实了当雏鸟是雄鸟时，海鸦是多么加倍努力育儿的。

## 亲鸟知道雏鸟的性别吗？

在海鸦的研究当中，研究人员通过采集雏鸟的羽毛，利用 DNA 分析技术了解到雏鸟的性别。那么亲鸟是看到雏鸟，就能知道它们的性别了吗？

有的观点认为，也许亲鸟并不知道雏鸟的性别。可能雄性雏鸟的个头会大些，或者它们乞食的声音更大，亲鸟只是根据这些特征投喂给雄性雏鸟更多的食物。

为了探明这个问题，用人工养殖的鸟儿做实验是最便利的方法。英国兰卡斯特大学的梅因沃林等人用栗耳草雀做了实验。栗耳草雀是十分受欢迎的宠物，也是科学界常用的实验动物。梅因沃林繁殖了很多对栗耳草雀，为了调查雏鸟大小对喂食量的影响，还人为调整了孵化日期，根据需要让这个日期重叠或错开。同时，实验将雏鸟乞食的强度划分成 4 个等级,将这个影响也计算在内,最后进行了统计分析。结果发现,同样大小的雏鸟用同样的强度乞食时,亲鸟也会根据雏鸟的性别改变喂食的方式。

举个例子,当 10 克的雏鸟激烈乞食时,栗耳草雀的鸟妈妈有 55% 的概率给雄性雏鸟喂食,有 37% 的概率给雌性雏鸟喂食。换句话说,小雄鸟每乞食 2 次就能有 1 次获得食物,而小雌鸟大约要乞食 3 次才能得到 1 次食物。不过,这个区别在鸟爸爸身上观察不到。

看来亲鸟一看雏鸟就能判断出它们的性别。然而,人类目前还完全不知道它们到底是怎样进行判断的。

### 雄性雏鸟得到优待的原因

为什么比起女儿,亲鸟对儿子的照顾更多呢?原因之一是在成长的过程中,小雄鸟比小雌鸟的个头要大一些。除了鹰、隼等特例,成鸟中也是雄鸟普遍比雌鸟大一些。刚才提到的海鸦,雄鸟的体重大约比雌鸟重 5% 左右。小型鸟类也一样,雄鸟比雌鸟重百分之几到百分之十几不等。

作为父母，其实是不得不给小雄鸟提供更多的食物。

此外，不同于雌鸟，雄鸟个体之间在繁殖方面的成就差异悬殊。优秀的雄鸟能一夫多妻，而差一些的雄鸟甚至可能讨不到老婆。即使是一夫一妻的鸟儿，优秀的雄鸟也能占据更好的领地，出轨更多的雌鸟，留下更多的后代。因此，如果养育的儿子不够优秀，那么它继续传宗接代的希望也比较渺茫，鸟父母自然会努力培养出优秀的儿子，让它肩负起子孙兴旺的任务。在下一代养育上，雏鸟性别带来的影响就是源自以上这些原因。

## 一夫多妻制的东方大苇莺呢？

在野外调查雏鸟性别对喂食情况的影响，在一般的鸟身上是件十分困难的事情。观察人员必须要在分辨出巢中所有雏鸟的同时，看清楚亲鸟给它们喂食的样子。实际操作来说，大概率要在雏鸟的头上贴上不同的醒目标志，再对鸟巢进行长时间的特写录像。当然，这个操作还要在多个巢中进行。

不过，这些工作也不是必须的。自然状态下，同样有一些巢中小雄鸟更多，有些巢中只有小雌鸟。只要充分利用这一点，就能够调查出雏鸟性别和亲鸟喂食的努力程度之间的关系了。

这个方法被应用在了日本的东方大苇莺上。结果证明，当巢内雏鸟的雄性比例越高时，东方大苇莺的鸟爸爸到巢中喂食的频率就越高。果然，鸟孩子是雄鸟时，鸟爸爸就会更努力。然而，研究并没有在雏鸟性别和鸟妈妈的喂食频率之间发现相关性。

对于鸟类来说，育儿是件十分重要的工作。有时亲鸟甚至会为了育儿折损自己的寿命。正是因此，亲鸟们在育儿时都会尽量合理地分配自己的劳动力，把精力用在刀刃上。然而，为什么经常只有鸟爸爸或鸟妈妈其中的一方会根据幼鸟的性别调整自己的精力呢？它们又是怎样知道自己孩子性别的呢？这些问题依然充满谜团。

# 雄鸟更长寿？

## 成鸟当中雄鸟比雌鸟多？

日本男性的平均寿命是 81 岁，日本女性的平均寿命是 87 岁（数据来自日本厚生劳动省 2016 年简版寿命统计表）。很明显，女性会更加长寿。那么，鸟类的情况如何呢？它们的死亡进程会受到性别的影响吗？

相关研究显示，大部分物种的成鸟性别比都不是 1∶1。从适育年龄（小型鸟类一般在 1 岁以上）的鸟儿们的雌雄比例上来看，正好是 1∶1 的物种只占整体的 35% 左右，雌鸟比雄鸟多的品种占 8%，而雄鸟比雌鸟多的品种占到了 57%。究其原因，并不是出生时小雄鸟就更多，所以长大后雄鸟仍然更多。因为每个物种的鸟儿产下的卵都是雌雄各半的程度，两个性别在出生比例上没有太大差异。但雌鸟比雄鸟有更容易早逝的倾向，所以成鸟中存活的雄鸟才会更多，雄鸟占的比例也更高。

图 6 表示了雀形目各物种雌鸟与雄鸟的年死亡率。年死亡率为 0.5，代表 1 年中有一半的个体死亡。人类在青年和壮年期死亡率低，进入高龄后的死亡率高。鸟类则不同，到了繁殖年龄后的个体，每年都会有一定的比例死亡。图 6 显示，虽然不同物种的年死亡率有区别，但是向右上方倾斜的线更多。这代表雌鸟比雄鸟的年死亡率更高，在整个群体中的占比逐年减少。与此相反，向右下方倾斜的线少，

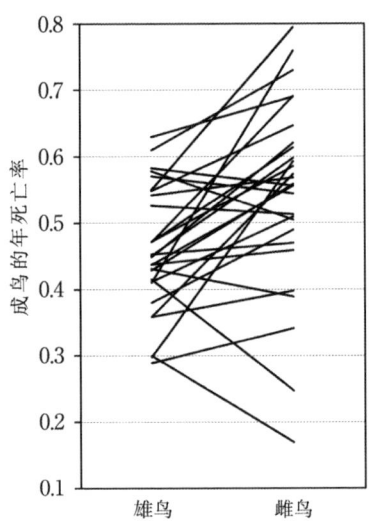

图 6　成鸟死亡率的性别差异　先分别标注出雀形目（小型鸟类）28 个物种雌雄鸟的年死亡率，再将同个物种的数据点用线连接起来。（图摘自 Promislow, D.E.L., Montgomerie, R. and Martin, T.E.(1992) Proc. R. Soc. Lond. B 250:143–150）

说明雌鸟死亡率比雄鸟死亡率低的物种少。

由此得知，雌鸟与雄鸟的死亡情况有差异，且雌鸟更易死亡。

## 育儿的辛苦让鸟短命

为什么雌鸟的死亡率更高呢？一个合理的解释是，雌鸟要承担繁殖和育儿的重担。虽说很多物种的雄鸟也会帮助照看雏鸟，但是产卵、抱卵却几乎是雌鸟一方的工作。雀形目中有 73% 物种的雄鸟几乎不会，或者完全不会帮助雌鸟抱卵。一般来说，雌鸟的确承担了比雄鸟更重的繁育任务。

为什么抱卵会缩短雌鸟的寿命呢？这是因为抱卵时更容易遭到捕食者的袭击。与在巢外自由自在地飞来飞去的时候不一样，雌鸟在巢里的时候，很容易和卵一起成为捕食者的盘中餐。大山雀一般在树洞里筑巢，当配偶传来警戒声——"有蛇来了"的时候，抱卵的雌鸟会立刻飞出巢逃走，但是如果蛇进巢时雄鸟不在家，雌鸟就很难逃出生天了。

筑杯状巢的鸟儿们也一样，抱卵时发现有捕食者靠近的时候，很可能来不及逃走。欧洲的草原石䳭在农田里筑巢抱卵时，割草机不到跟前就不逃走，结果有很多雌鸟被卷进了机器里。大自然中的捕食者靠近时，恐怕也会发生同样的事情。

还有的学说认为，抱卵需要耗费能量，它本身就会对雌鸟造成伤害。虽然抱卵看起来和坐在卵上面休息一样，但实际上有研究指出，它耗费的能量是安静休息时基础代谢量的 1.6 倍。这个负担也许与雌鸟偏高的死亡率也有关系。

## 性染色体假说

看了前面的说法，有的读者也许会提出疑问："哺乳动物也是母亲的育儿负担更重，怎么反而更加长寿呢？"不仅是人，大多数哺乳动物都和鸟类正好相反，雄性比雌性的死亡率更高。明明哺乳动物的雌性在妊娠、生产、哺乳方面的负担比鸟类还重，为什么它们反而比雄性更加长寿呢？有的学说认为，鸟类的雌性与哺乳动物的雄性在遗传方面有劣势，更容易出现生存能力低的个体。我们一起看看这个学说。

　　哺乳动物有两种性染色体，分别是 X 染色体和 Y 染色体；雌性有两条 X 染色体，雄性有 1 条 X 染色体和 1 条 Y 染色体。鸟类的情况恰好相反，它们有两种性染色体，分别是 Z 染色体和 W 染色体；雄鸟有 2 条 Z 染色体，雌鸟有 Z 染色体和 W 染色体各 1 条。

　　染色体上可能会罕见地存在一些经过突变产生的、对个体生存不利的基因。例如，可能有运动能力弱、容易生病等各种劣势基因。如果这样的基因存在于哺乳动物的 X

染色体上的话，那么雌性的2条X染色体当中只要有1条包含正常的基因，就不会表现出异常，大部分情况下生命不会受到影响，可以健康地生活。但是雄性只有1条X染色体，所以不利于生存的基因会立刻表现出来，使它更容易死亡。鸟类也一样，如果Z染色体上的基因突然变异，那么雌鸟会更容易受到影响，死亡率变高。

这个假说逻辑清晰，很有说服力。然而，它很难在实验中得到证实，相关研究还处于停滞状态。

### 雄鸟死亡率升高的原因

雌鸟有长寿倾向的鸟儿虽然少，但也同样存在。为什么有些物种中，雄鸟反而更容易死掉呢?

一般来说，雄鸟之间的斗争更为激烈的物种，雄鸟的死亡率有升高的倾向。举个例子，一夫多妻的雄鸟比例更高的物种中，雄鸟的死亡率有高于雌鸟的倾向。这是因为一夫多妻倾向强的物种中，雄鸟之间的竞争更激烈，死亡率也因此提高。此外，相对于体形来说，精巢的个头更大的物种中，相比雌鸟，雄鸟的死亡率有更高的倾向。因为这些物种的交配次数相对较多，需要雄鸟生产出大量的精子，所以它们在交配方面的竞争十分激烈，这对雄鸟来说也是不小的负担。

总的来说，大多数鸟儿的死亡情况在雌雄鸟上的表现不尽相同，这个差异是同性间的竞争、育儿负担、性染色体上有害基因的影响等原因合力产生的。不过，大多数物种都是雌鸟的育儿负担更重，雄鸟相对来说更长寿。

# 选择成为育儿帮手

## 帮助其他鸟育儿

我们观察鸟巢时，往往认为正在照顾幼鸟的成鸟就是它们的父母。然而，一部分物种当中，亲鸟之外的鸟也会往返巢中，帮助鸟父母育儿。我们把提供帮助的鸟儿叫作"帮手"。

例如，银喉长尾山雀中的帮手就会为抱卵中的雌鸟和刚孵化出的雏鸟带来食物。此外，离巢后的鸟儿也会帮助自己的父母育儿。大家也许会觉得鸟儿好善良，能够协力合作。但是仔细想想，帮手的行为其实很不可思议。

帮手自己不筑巢繁殖，反而忙着帮别的鸟夫妻看娃。做帮手意味着没办法留下自己的孩子，这种行为按道理来说不会得到进化。在严峻的优胜劣汰的压力下，不去做什么帮手，而是专注于自己的繁殖工作，多留下子孙后代才是更好的选择吧。

那么，成为帮手的做法得到进化的原因到底是什么呢？

## 血缘淘汰

除了鸟类中的帮手，工具蜂和工具蚁（工蚁、兵蚁等）也不会留下自己的后代。动物们这种自我牺牲式的行为为什么会得到进化呢？ 1964 年，英国的汉密尔顿提出了血缘淘汰理论，它在解决这个问题上具有划时代的意义。

汉密尔顿认为，如果动物帮助亲缘者进行繁育能够让更多的后代顺利长大，那么它们本身不进行繁育的行为也会得到进化。举个例子，帮手会帮助自己的父母进行繁育工作。父母养育的孩子，就是帮手的弟弟妹妹。如果在帮手的帮助下，弟弟妹妹能得到足够的食物，还能够减少捕食者对巢的攻击，从而使更多弟弟妹妹健康长大的话，对于帮手而言也是有收获的。这是因为弟弟妹妹虽然不是自己的孩子，但却从父母那里继承了和自己相同的基因。

这样一来，如果帮手自己没能顺利找到配偶或者遇到了其他特殊情况的话，比起闲着什么都不干，还不如帮助亲缘者进行繁育，这种行为从进化角度看一定是有利的。

血缘淘汰理论出现后，一些学者认为它也许可以解释帮手的进化问题，并且做了相关研究。研究显示，帮手和进行繁育的个体之间大多数情况下是有血缘关系的。日本的灰喜鹊当中也有帮手，研究人员在长野县对一个种群做了个体标记并进行了观察。结果显示，很多灰喜鹊在出生次年不会进行繁殖，而是帮助父母或兄弟姐妹育儿。

有的研究调查了帮手的存在对幼鸟的存活率是否有帮助。欧洲的伊比利亚半岛上也有灰喜鹊分布，一项在西班牙[1]展开的研究显示，有帮手在的鸟巢不容易发生幼鸟被捕食的情况，且能够顺利离巢的幼鸟数量有明显增加。卵被成功孵化的巢中，大约有几只幼鸟可以顺利离巢呢？统计数据显示，没有帮手的巢平均是 1.5 只，有帮手的巢则能够

---

1　伊比利亚半岛由几个国家共同拥有，其中西班牙占有大部分领土。

达到 3 只。换句话说，有帮手在的情况下，顺利长大的幼鸟的数量能达到原来的 2 倍，增加的部分自然要感谢帮手的贡献。这就是帮手的帮助行为带来的巨大收益，也是帮助行为得到进化的原动力。

## 帮手背后的目的

学界在多个物种中展开帮手相关的研究后，出现了一些血缘淘汰理论无法解决的问题。有的帮手不会对繁育成绩做出任何贡献。例如，黑水鸡初次繁育生下的幼鸟，会在父母第 2 次繁育时提供帮助，可是如果人为地将帮手带走后，此次繁育中顺利长大的幼鸟数量没有发生任何变化。难道说帮手提供的帮助毫无作用吗？研究人员也讨论了有帮手提供帮助的条件下，鸟爸妈能轻松些从而抽出时间进行第 3 次繁殖的可能性（这对于帮手来说也是有利的）。然而，这种情况实际上也并没有发生。研究人员甚至发现，在有的物种中，很多帮手竟然和繁殖个体之间完全没有血缘关系。

帮手没有从家族成员的子孙兴旺方面得到任何间接利益，而帮助行为依然得到了进化，这说明帮助行为背后肯定有更加直接的利益。在研究人员长时间的认真调查下，帮手的直接利益越来越清晰。

例如，塞岛苇莺的雌鸟如果有做帮手的经验，那么它筑巢的技术就会更好。没有帮手经验的雌鸟筑出来的巢会比较粗糙，繁殖过程中经常会坏掉，而有帮手经验的雌鸟则能够搭出精致结实的巢。

雄鸟留在父母身边能获益的时候，也不会急着独立并繁殖，而是会留下来帮忙。雄鸟要找到适合繁殖的地方并且建立领地，再吸引雌鸟结成配偶。但是有的物种很难找到合适的地方，因为适合它们繁殖的场所已经是饱和状态了。雄鸟就算计划独立，成功找到领地并且生育后代的可能性也不高。这时还不如留在父母身边，将来继承父亲的领地，或者等附近的领地空出来之后再过去占领。实际上，在领地经常不足的红顶啄木鸟当中，留在父母身边的雄鸟往往比那些最开始就试图自立的雄鸟过得更好。

近年来，一个更令人震惊的事实出现了。那就是，帮手有时也会生下自己的孩子。通过 DNA 技术进行亲子鉴定后，人们发现塞岛苇莺的帮手（雌鸟）中，竟然有 44% 的概率会和巢的女主人（帮手的鸟妈妈）一起产卵，留下自己的后代。它们的交配对象是附近领地的雄鸟。这样一来，比起说女主人得到了帮手的帮助，倒不如说是母女俩一起营巢繁育更为恰当。如果广泛应用 DNA 技术的话，也许还会发现更多帮手生子的案例。

目前的情况说明，我们不能过于简单地理解帮手的行为。看起来是到巢里帮助育儿的"帮手"们，也许有着很多基于自己利益的目的，正是这些利益让帮手的行为得到了进化。

# 4

## 怎样防备
## 捕食和托卵？

# 选择可以避开捕食的筑巢场所

## 幼鸟离巢是个难关

提到鸟类的繁殖，人们会想到筑巢、产卵、抱卵、育雏到幼鸟离巢的过程。然而实际上，很多巢里面的幼鸟都不能顺利离巢。或许有的读者看到过，本来应该有亲鸟抱卵的山斑鸠的巢突然空了，又或者燕子的幼鸟被日本锦蛇偷袭了。因卵和幼鸟被捕食而宣告繁殖失败的事情，在鸟类的世界经常发生。

我在调查中发现，已经产卵的巢当中幼鸟能够成功离巢的比例，日本树莺是27%，而黑眉苇莺是43%。它们都是编草做巢的鸟儿，在鸟箱中营巢的大山雀成功率会高一些，是64%。在调查繁殖情况时，有时我们去检查鸟巢的时候，会发现卵和幼鸟全部不见、巢内空空的现象。日本锦蛇吞下幼鸟后，有时会直接在大山雀的巢里休息，我们在不知情的情况下打开鸟箱的盖子往里看的时候，直接和蛇大眼瞪小眼的事情也发生了不止一次两次了。

**努力躲避捕食的亲鸟**

当然，亲鸟为了繁殖成功，会尽量避免被捕食的现象发生。最为普遍的方式是在更加安全，不容易被捕食者攻击的地方筑巢。

大山雀一般在树洞和鸟箱里筑巢，它们在筑巢前会认真检查巢周围的结实程度。这是因为如果树木脆弱，捕食者很容易就能破坏鸟巢的话，卵、幼鸟甚至是亲鸟本身都可能被吃掉。我所在的调查基地的鸟箱大概用个三四年，鸟巢周围的木头就会陆陆续续地破烂甚至掉落。最开始我还以为是肉食动物在攻击鸟巢的时候，用它们的爪牙干的好事，后来发现实际上是亲鸟自己弄的。

亲鸟会用嘴巴又啄又啃，目的是了解鸟箱的结实程度。由于它们实在是太努力了，鸟巢周围反而变得破破烂烂，看起来有些滑稽。不过，想必它们在自然的树洞里筑巢前，也把检查安全性当作是件十分重要的工作，所以才习惯了这么做。

此外，很多品种的鸟儿会在筑巢途中或产卵早期放弃现有的巢，转而去其他的地方另外筑巢。这是因为亲鸟发现鸟巢附近的捕食者比较多，筑巢场所不够安全，所以才选择更换筑巢位置。大嘴乌鸦经常会筑很多个巢，别人也弄不清楚它们到底在用哪个巢。有人认为大嘴乌鸦是为了欺骗捕食者所以做了假巢，而我认为它们可能是为了远离捕食者才在筑巢途中多次放弃。

## 灰喜鹊假松雀鹰威

本节为大家介绍灰喜鹊为了躲避乌鸦对卵和幼鸟的捕食而做出的特殊举动。灰喜鹊一般在农田周围的树林里结成集体（关系不太紧密）进行繁殖。非营利组织鸟类搜查（Bird Research）的植田睦之（当时在日本野鸟协会研究中心）在东京市区发现灰喜鹊会选择在猛禽松雀鹰的附近筑巢。松雀鹰是鹰科猛禽，大小和鸽子差不多，经常攻击麻雀等小型鸟类。灰喜鹊选择在松雀鹰巢穴的附近筑巢，实在是件不可思议的事情。

植田睦之认为，松雀鹰为了保护巢穴安全会驱赶乌鸦，而灰喜鹊将巢筑在松雀鹰旁边，自己同样能够避免乌鸦的侵扰。他做了个实验，将鹌鹑蛋放在人工巢内，再将人工巢放置在树上，结果发现距离松雀鹰巢较远的鹌鹑蛋都被吃了，而在松雀鹰的巢方圆 50 米之内的鹌鹑蛋几乎都躲过了一劫。实际上，只要乌鸦进了这个范围就一定会遭到松雀鹰的攻击。灰喜鹊正是利用了这一点，远离了被捕食的危险。有个词叫"狐假虎威"，这里大概是"灰喜鹊假松雀鹰威"了。

顺带一提，由于最近乌鸦越来越多，松雀鹰没法一个个攻击过来，干脆放弃了，于是灰喜鹊也渐渐不在松雀鹰附近筑巢了。

## 日本树莺筑巢场所的变化

亲鸟选择筑巢场所的标准，会在较短的时间内发生变化。伊豆诸岛中的三宅岛上以前没有蛇和肉食动物，小型鸟类得以高密度地分布繁殖。遗憾的是，有人把黄鼬带到岛上放生了。据说是在 20 世纪 80 年代时，一部分岛民为了治鼠偷偷放的。

我于 2006 年到三宅岛上调查日本树莺的生态，发现当地的日本树莺会在极高的地方筑巢，原因似乎就在黄鼬身上。凑巧的是，在黄鼬进岛之前，樋口广芳先生（东京大学名誉教授）曾经对三宅岛的鸟儿做了详细的调查。我比较了从前和现在的数据，发现黄鼬进岛前（20 世纪 70 年代后期）日本树莺鸟巢的高度平均是 61 厘米，而黄鼬进岛后

（21世纪初期）则变成了1.79米，其中有的巢高度还达到了对日本树莺来说异常之高的4.5米。

三宅岛上的黄鼬数量急剧增加，现在生活密度十分高，它们会爬树，经常攻击低处的鸟巢。2007年我用人工巢做了实验，发现低处的鸟巢更容易遭到捕食。习惯在地面上活动的伊豆鸫在黄鼬进岛后数量急剧减少，而日本树莺为了躲避黄鼬的捕食，选择将巢筑在高处。这个变化是在黄鼬进岛后短短20年左右发生的，人为引进肉食动物的影响之大，令人震惊。

日本树莺将巢筑在高处后，更容易受到乌鸦们的攻击，也更容易被杜鹃盯上前来托卵。黄鼬进岛已经对整个生态系统造成了影响，真是令人担忧。

# 对抗捕食者的手段

## 大家齐心协力就不再害怕?

当捕食者发现鸟巢并且准备好攻击卵及雏鸟时,亲鸟几乎就没有驱赶捕食者的可能了。但是,如果捕食者只是在鸟巢附近逗留的话,亲鸟还是能够将捕食者驱赶走的。

日本树莺的雌鸟发现蛇后,会跑到它身边跳来跳去,还一边大叫"洽洽洽洽洽洽洽……"。雄鸟听到叫声后也会赶来,发出"啁啾啁啾啁啾……"的尖锐声音,这种声音会由尖锐逐渐转弱,听起来像日本树莺飞入山谷里的感觉一样。

在水田中筑巢的灰头麦鸡和在河边繁殖的白额燕鸥在乌鸦或者猛禽来的时候,会边叫边围着这些入侵者飞,有时还会和它们有身体接触。这种行为叫作围攻,有驱逐捕食者的效果。从人类旁观的角度上看,捕食者是不胜其扰,实在待不下去才逃走的。

许多周围的鸟儿也会加入围攻。灰头麦鸡平时都是夫妻两个在自己的领地里生活,但围攻入侵者的时候,周围的同类们会越过领地线赶来帮忙。日本树莺的雌鸟在围攻时发出声音后,暗绿绣眼鸟和栗耳短脚鹎都会赶来帮忙。鸟儿们合力把捕食者赶出自己的生活圈后,大家都能安心地生活,这是双赢行为,所以很多鸟儿并不拘泥于物种的差异,会积极参与围攻。

## 如果不对别的鸟伸出援手

围攻行为是被攻击、被捕食一方的鸟儿反过来驱赶捕食者的行为，一不小心就有受伤甚至死亡的风险。捕食者到附近的领地里时，鸟儿们不参与围攻也不会有什么影响，按理说按兵不动才是人（鸟）之常情。那么，为什么鸟儿们会主动参与危险的围攻呢？

研究人员推测，如果鸟儿不对别的鸟伸出援手，那么以后也无法得到别的鸟的帮助。这个假说很难进行验证，但是拉脱维亚陶格夫匹尔斯大学的克拉姆斯等人设计了巧妙的实验，证实了这种"复仇"行为的存在。

实验的对象是夏候鸟斑姬鹟。首先，实验人员在它们返回前放置了 3 个鸟箱，鸟箱之间的距离是 50 米。斑姬鹟返回筑巢后，大约在雏鸟 6 日龄的时间点上，将捕食者——黄褐林鸮（黄褐色猫头鹰）的标本放到鸟箱前，试图引起它们的围攻。

在第一次放置标本前，将 A、B、C 3 对鸟夫妻中的 B 夫妻提前捕获，在 A 夫妻面前放置猫头鹰标本。于是，A

夫妻开始围攻行为，随后 C 夫妻也加入了进来，而 B 夫妻由于被捕获了，并没有参与此次围攻。

接下来好戏登场。实验人员先将 B 夫妻放回去，经过足够长的时间后，第 2 次放置了标本。而这一次是在 B 和 C 夫妻的面前同时放置了猫头鹰标本。这两对鸟夫妻都对自己鸟箱前的标本展开围攻，这时 A 夫妻是怎么做的呢？它们只帮了 C 夫妻，并没有去帮助 B 夫妻。

A 夫妻选择帮助了曾经对自己施以援手的 C 夫妻，而没有去帮助不曾帮助过自己的 B 夫妻，这就是"复仇"行为的规则。鸟儿们看起来是豁出性命帮助别的鸟，实际上是为了自己需要帮助的时候同样有鸟伸出援手，所以基于这个目的参加了其他鸟儿发起的围攻。

### 雏鸟看亲鸟的信号保护自己

近年来，日本有研究发现，在捕食者发现鸟巢，准备攻击雏鸟这种特别危急的情况下，雏鸟有时也能够顺利保护好自己。这次的观察对象是大山雀。

大山雀在树洞里筑巢，只要雏鸟不从巢里出来，乌鸦这样的捕食者就不能得逞。然而，蛇这样的捕食者只要有个小洞就能进巢，所以雏鸟躲在树洞里也不安全。

铃木俊贵在立教大学读研究生时，注意到大山雀的亲鸟在发现蛇的时候会发出"驾——驾——"的叫声，发现乌鸦时会发出"齐卡齐卡"的叫声，两种警戒声音并不相同。巢中的雏鸟在听到"驾——驾——"的声音时会飞出巢外，而听到"齐卡齐卡"的时候会伏低身体，乖乖地待在巢里。也就是说，雏鸟在蛇靠近时，会尽快离巢逃走，而当不能进巢的乌鸦靠近时，它们会俯下身体防止自己被乌鸦叼出巢外。铃木俊贵在雏鸟所在的鸟巢附近放了亲鸟警戒声的录音，发现"驾~驾~"一定能让雏鸟飞出巢外，而播放"齐卡齐卡"时雏鸟则会乖乖待在巢里，不会飞出来。

雏鸟能够根据捕食者的种类采取适当的行为保护自己，而亲鸟和雏鸟更是可以通过叫声进行交流，就像在说话一样，实在是令人震惊。

常见的大山雀竟然有如此有趣的行为，为什么我们直到现在才知道呢?原因是这种行为被观察到的机会太少了。如果看不到马上就可以离巢的幼鸟在蛇靠近时乱作一团飞出巢的画面,肯定就意识不到这种事情。而就算有机会看到了这样的场面,如果稀里糊涂抓不到重点的话,那么也不可能注意到鸟儿亲子间的交流。铃木俊贵一定是时刻保持着耳聪目明,在观察的时候始终思考"为什么鸟儿会这样做呢",才会有如此重要的发现。

巢被捕食者盯上,是鸟类繁殖失败的最大原因,对想要留下后代的亲鸟来说是巨大的压力。因此,大山雀以外的鸟儿们为了避免被捕食,应该也做了各种各样的措施。

# 托卵鸟和宿主的攻防

## 一种叫作托卵的繁殖方法

大家也许听说过,有的鸟儿有托卵的习性,它们会将卵生产在别的品种的鸟儿(宿主)的巢里,让宿主帮助育儿。目前有 4 种杜鹃科的托卵鸟在日本繁殖,它们的幼鸟会把宿主的幼鸟或卵推出巢,独占宿主亲鸟提供的食物。世界上的很多地方都有托卵鸟的存在,像生活在非洲的响蜜䴕科的幼鸟,会用嘴攻击并杀死宿主的幼鸟。而生活在北美的褐头牛鹂的幼鸟等,虽然不会直接攻击宿主的幼鸟,但是会独占食物,间接让它们饿死,实现独自占巢的目的。

托卵鸟的这种行为,给人一种残忍狡猾的印象。并且由于托卵鸟只产卵不养娃的行为,它们在文学作品中常常被刻画为亲情淡薄的形象。然而,性格狡猾和亲情淡薄,却并不是造成托卵行为的原因。那么，托卵鸟为什么不像其他的鸟儿一样，自己筑巢，自己育儿，确保留下后代呢？

实际上，托卵是一种性价比非常高的繁殖方法。它可以省去筑巢、抱卵、育雏等多项时间和精力上的投资，而节省的这些时间和精力可以用来产更多的卵。杜鹃在每次繁殖期能产 15 枚以上的卵，而褐头牛鹂最多能产 40 多枚卵。

反观亲自带娃的鸟儿们，比如大杜鹃的宿主东方大苇莺，一次只能产 5 枚卵左右，它们在每个繁殖期内最多能产卵 2 次，而在日本本州中部以北的地区普遍只产 1 次卵。很明显，托卵鸟能够产下更多的卵。

## 宿主受到的"巨大束缚"

对于宿主鸟来说，被托卵意味着巨大的损失。不光是自己的卵和幼鸟会被杀掉，无法留下后代，还要搭上时间和精力照顾托卵鸟的后代。

说起来，被托卵甚至还不如被捕食来得痛快。如果巢被蛇或其他肉食动物袭击且卵和幼鸟不幸死掉的话，雌鸟可以立刻重新着手筑巢繁殖的工作。而换成托卵就不一样了，雌鸟没办法重新筑巢，整个宝贵的繁殖期就花在照顾托卵鸟的孩子上面了。

杜鹃的幼鸟相比宿主的幼鸟，在巢内接受喂食的时间和离巢后到彻底独立的时间都要长上一个星期左右。在这段期间，宿主的亲鸟没有办法继续繁殖，受到了巨大的束缚。前面提到，东方大苇莺在一个繁殖期最多只有 2 次繁殖的机会，一旦第 1 次繁殖的时候被托卵，那就意味着整个繁殖期都没有办法留下自己的孩子了。

## 宿主的对抗手段

托卵带来的影响如此之大，宿主一方的对抗策略也一定会随之进化。拒绝孵卵[1]，就是一个有力的对抗手段。当宿主发现自己的巢内有托卵鸟产了卵，它们就会把托卵鸟的卵推出巢外，或者直接吃掉卵、扔掉壳。宿主还可能会

---

[1] Egg rejection：常被称为"除卵"，但是这个说法给人的印象只是托卵鸟的卵被扔出巢外这一种情况，所以本书采用"拒绝孵卵"的说法。

运来一层巢材，将自己产的卵和托卵鸟的卵一起埋在下面，并在巢材上再次产卵。在这种情况下，抱卵的热量不会传递到被埋的卵上，它们自然也就不能成功被孵化了。此外，宿主还可能直接放弃现有的鸟巢，选择重新筑巢。欧洲的苇莺被托卵后，大约有 20% 的概率会选择用这些方法拒绝孵卵。

宿主开始拒绝孵卵后，杜鹃如果产下了和宿主的卵毫不相似的卵，那么就无法留下后代。只有产下的卵和宿主的卵极为相似，且不被宿主识破，杜鹃才能顺利留下自己的后代。这么一来，宿主鸟当中就只有那些能够看穿托卵鸟的鬼把戏的聪明鸟，才能避免被托卵，留下自己的后代。于是，杜鹃就不得不产下与宿主鸟的卵更为相似的卵……这样的进化过程不断发生，最终，托卵鸟居然可以产下和宿主鸟一模一样的卵。

### 识破托卵的技巧

哪怕托卵鸟产下和宿主卵再像的卵，宿主鸟也有办法

将自己的卵和被托的卵区分开。具体来说，宿主鸟会产下和同物种的其他雌鸟略有区别的卵。就算托卵鸟来产下了相似的卵，只要自己的卵拥有独特的标记，那么宿主就可以识破外来的卵。

无论是托卵鸟还是宿主鸟，每一只雌鸟一生只能产下一种模样的卵。托卵鸟虽然会向不同的巢里托卵，可是这些卵的样子都一样，无法变化。因此，托卵鸟没有很好的方法应对宿主鸟的策略。只要宿主鸟每次都能正确地产下拥有相同特征的卵，这个策略就是有效的。只要产下的卵与众不同、特征明确，且宿主鸟能够分辨出这些细微的差异，那么识破托卵就轻而易举了。于是，作为对抗托卵的方法，相同物种不同雌鸟之间产下的卵差异（个体间差异）越来越大，而同只雌鸟产下的卵之间差异（个体内差异）越来越小，这就是进化的方向（图7）。

图7 东方大苇莺的巢和卵 不同巢内(鸟妈妈)的卵的样子不同。箭头代表托卵杜鹃的卵。杜鹃将卵产在了卵的花纹相似的东方大苇莺的巢中。（照片：内田博）

实际上，研究人员在欧洲调查了杜鹃托卵的宿主鸟们。结果显示，被托卵的频率越高的物种，卵的颜色和花纹在个体间的差异就越大。并且，卵的颜色和花纹在个体间的差异越大，在个体内的差异越小，成功拒绝孵卵的概率就越高。

此外，当被托卵的压力突然解除时，这些特征会很快消失。非洲的黑头织布雀被白眉金鹃托卵时，会有拒绝孵卵的行为。这个物种大约在 200 多年前，被带到了没有托卵鸟存在的加勒比海岛上，它们在岛上生活后，卵的颜色和花纹的个体间差异逐渐变小，而个体内的差异则变大。这说明，逃离了托卵压力的宿主鸟，就没有必要产下一模一样的卵了。每只鸟都可以产下长相不同的卵，只要符合物种的大致特征就可以。

有人提出过质疑：如果宿主鸟对抗托卵的手段太高明，托卵鸟会不会灭绝呢？反过来，有没有宿主鸟因为遭到托卵而灭绝的案例呢？托卵会破坏生态系统的平衡吗？

我的答案是，灭绝的案例也许确实出现过。举个例子，长野县的灰喜鹊近些年来开始被杜鹃托卵，在一部分地区中灰喜鹊数量已经减少或者完全看不到了。所以，在区域小种群当中，也许确实存在因为托卵的攻防而灭绝的案例。

托卵鸟和宿主鸟的生活样态长时间不断变化，我们看到的只不过是当下这一个时间点中的一个侧面。因此，就算没有人为影响，鸟儿们现在的生活样态也可能发生改变，但这并不意味着自然平衡被打破。

# 宿主不能识破托卵鸟的雏鸟吗？

## 明明可以拒绝孵卵

被杜鹃托卵的东方大苇莺，能够精准地扔掉杜鹃的卵。这说明宿主鸟可以识别出托卵鸟的卵，并且拒绝孵卵。然而，一旦卵被孵化，宿主鸟就好像忘了对托卵行为的戒备一样，开始全心全意地照顾托卵鸟的雏鸟。杜鹃的雏鸟个头比较大，有时甚至会把巢撑坏，东方大苇莺还要站在它的背上给它喂食。为什么这样东方大苇莺都不能看出这个大家伙不是自己的孩子呢？

明明宿主鸟会有拒绝孵卵的行为，却为什么没有拒绝哺育雏鸟的行为呢？针对这个问题，"学习分辨雏鸟对自身不利"的回答比较令人信服。相信很多人看到过这样的录像——人工孵化出的大雁雏鸟，会把人类当作自己的妈妈，紧跟在后面走路。鸟类并不是天生就知道自己这个品种的鸟儿应该长什么样子，而是要进行学习后才能了解。

假设现在东方大苇莺看到了巢中孵化出的雏鸟，并把它的样子当成了自己这个品种的雏鸟的样子。如果没有被托卵，那么东方大苇莺的鸟父母就可喜可贺地见到了自己的孩子，了解到自己这个品种的雏鸟的特征。当再次繁殖时，如果杜鹃的雏鸟孵化出来，鸟父母就能轻易地分辨出来。然而，如果是第一次繁殖时就被托卵的东方大苇莺，它们会把杜鹃雏鸟的特征当作东方大苇莺的雏鸟的特征。当这些东方大苇莺再次繁殖时，就算没有被托卵，顺利孵出自己的孩子，它们也只会把这些雏鸟当成异类，直接放弃育雏。学习分辨雏鸟的背后有极大的风险，所以这不是个好的策略。这样的话，干脆不学习，只要巢中有雏鸟孵化出来，就把它当作自己的孩子好好养育，反而能够留下更多的后代。

顺带一提，宿主鸟会通过学习自己的卵的特征，去分辨出被托的卵。举个例子，东方大苇莺一次大概能产 5 枚卵，它的巢中大部分都是自己的卵，只要记住这些卵的特征，就一定能知道自己这个品种的卵的特征。事实上，宿主鸟拒绝孵卵的行为，并不总是在托卵鸟产卵后立刻发生的，有时要等过几天宿主自己产完卵后才会出现。

我觉得十分不可思议，难道除了学习识别雏鸟长相，或者直接放弃识别雏鸟这两种做法之外，就没有其他的选择了吗？有没有一种可能，鸟类可以从基因上进化出天生就能识别同个物种的雏鸟的能力呢？

**有的宿主能分辨雏鸟**

　　2003 年 3 月，一个新闻震惊了鸟学界，那就是人类发现宿主鸟拒绝了托卵鸟的雏鸟。我清晰地记得当时自己十分震惊，立刻买了论文来看。论文提到，澳大利亚的壮丽细尾鹩莺在巢中发现霍氏金鹃的雏鸟时约有 40% 的概率会拒绝照顾雏鸟，发现金鹃[1]的雏鸟时有 100% 的概率会拒绝照顾雏鸟，并且放弃鸟巢。这是一个全新的发现，代表宿主对托卵鸟的雏鸟有防备手段。

　　当实验人员取走一部分壮丽细尾鹩莺的雏鸟，只留一只雏鸟在巢中时，亲鸟有可能会弃巢离开。这似乎说明金鹃属的雏鸟独占鸟巢导致巢中只剩下一只雏鸟的状态，与亲鸟弃巢的行为有关。然而，雏鸟声音酷似宿主鸟的霍氏金鹃相对不容易被拒绝，而雏鸟声音完全不同的金鹃一定会被拒绝，这说明宿主能够通过声音分辨雏鸟的种类，从而拒绝哺育其他雏鸟。

---

　　1　金鹃学名为 Chrysococcyx lucidus，因其背部为青铜绿色，故也称"青铜杜鹃"（英文名为 Shining Bronze Cuckoo）。金鹃与霍式金鹃同属鹃形目杜鹃科金鹃属，但并非同一种鸟。

2010年，澳大利亚又传来了一个重磅新闻，那就是沼泽噪刺莺会用嘴把托卵而来的棕胸金鹃的雏鸟叼出巢外。这个发现是由当时立教大学的佐藤望团队提出的。佐藤望是十分有毅力的年轻人，在红树林里面步行寻找鸟巢，最后做出了这个研究当作毕业论文。他后来读研究生的时候，为了研究热带的托卵情况，以一己之力在新喀里多尼亚设立了调查基地，成立了工作小组，发现了温带不曾见过的托卵鸟与宿主的关系。

### 热带的特殊情况

宿主拒绝雏鸟的案例，都是在居住于澳大利亚和新喀里多尼亚的热带地区的鸟儿身上发生的。为什么宿主拒绝雏鸟的行为在温带没有发生，在热带却进化出来了呢？

原因之一是热带的繁殖期比较长，宿主拒绝雏鸟之后还有机会再次营巢。而在繁殖期较短的温带，宿主就算拒绝了托卵鸟的雏鸟，也很大概率没有时间再次营巢。换句话说，宿主在热带再次营巢的希望大，且拒绝托卵鸟的雏鸟有很大的收益。

此外，热带的托卵鸟和宿主鸟们已经在一起生活了数百万年，有足够的时间进化出拒绝雏鸟的行为。而温带情况不一样，比如杜鹃和它的宿主鸟们打交道的时间还不到10万年。

最后，佐藤望还提出了一个十分有意思的假说。那就是不拒绝孵卵，而拒绝哺育雏鸟对于宿主来说是有好处的。佐藤望的关注点是，宿主鸟每次的产卵数少，而遭到托卵的频率却很高。热带的宿主鸟每次只能产下 1~3 枚卵。而重复托卵，也就是同个巢被不同的雌鸟多次托卵，却时常发生。

假设有一只宿主鸟产下了 2 枚卵，如果它遭到了 1 次托卵，那么此时巢里只剩下 1 枚它自己的卵。这是因为金鹃属的鸟儿们和杜鹃一样，托卵前会拿走 1 枚宿主的卵。如果这个时候宿主鸟把金鹃的卵扔掉，那么巢里就只剩下 1 枚自己的卵。如果再次遭遇托卵，那么这枚卵肯定也保不住，自己的卵就一枚也不剩了。而如果遭遇托卵后，宿主并不把外来卵扔掉,而是留着一起孵化,那么再次遭遇托卵时,自己的卵和这枚外来卵被扔掉的概率就变成了五五开。这意味着,不扔掉被托的卵可以增加自己的卵的存活可能性。等卵孵化之后,再扔掉外来的雏鸟,留下自己的孩子也不迟。

事实上,拒绝哺育外来雏鸟的宿主鸟确实不会扔掉外来的卵。生活在热带的宿主鸟将被托的卵当成"防洪堤坝",用来守护自己的卵,等它孵化成雏鸟后才会被扔掉。

# 灰椋鸟向灰椋鸟托卵！——种内托卵

杜鹃等鸟会将自己的卵托付给其他物种的鸟儿，这样的托卵习性是如何进化而来的呢？许多学者认为，托卵最开始是在同个物种间进行的，鸟儿们会将卵产在同个物种其他个体的巢当中，这种行为叫作"种内托卵"。种内托卵的现象在很多鸟儿当中都有发现，比如燕子、紫翅椋鸟、黑水鸡、鹊鸭等。

## 如果雏鸟顺利长大的话就赚了

日本对灰椋鸟的种内托卵进行了详细调查。山口恭弘在筑波大学读研究生时做了一个研究，发现灰椋鸟的巢当中有 21% 的概率会发生种内托卵的现象。在这些被托卵的巢当中，一般有 1 枚其他雌鸟产下的卵。当巢中的雌鸟处于产卵期时,托卵现象发生得更为频繁,除此之外抱卵期和育雏期内也偶有发生。

灰椋鸟每天产 1 枚卵,一共产 5~6 枚卵,全部的卵都生产完毕后(或者生产最后一枚卵的前一天)才会开始抱卵。因此,产卵期内被托的卵可以和其他的卵一起享受温暖,成功孵化的希望很大。但抱卵期以后被托的卵则往往不能孵化,即便孵化也会因为时间太晚,在抢食时争不过其他雏鸟。事实上,产卵期内的巢内托卵有 73% 成功孵化并离巢的可能,但是在抱卵期和育雏期的托卵几乎没有成功案例。灰椋鸟的种内托卵在抱卵期和育雏期也会进行,且失败率高,说明它们还没有形成一个较为完美的策略,通过托卵留下后代的概率还不够高。山口恭弘发现繁殖个体多的年份种内托卵的现象更常见,并据此推测是那些没有巢穴,无法营巢的个体在进行托卵。和杜鹃这种托卵鸟的专业托卵不同,灰椋鸟的种内托卵大概只达到"如果雏鸟顺利长大的话就赚了"的程度。

话说回来,就算我们在灰椋鸟的巢里发现了灰椋鸟的卵，也很难分辨出它到底是不是托卵。山口恭弘每天要检查 180 个鸟箱，观察鸟儿们的繁殖情况。我检查过大山雀的鸟箱，一共 30 个，每次要花上 2 小时左右。山口恭弘的工作量是我的 6 倍，他一定投入了巨大的体力和脑力劳动。每天检查鸟箱的时候，如果发现卵的数量比前一天多了 2 枚，就说明巢内的雌鸟新产了 1 枚卵，同时别的雌鸟也过来产了 1 枚卵。山口恭弘用铅笔标记了每天新产的卵，可以对外来卵的孵化情况等有整体的把握。想来其他的鸟儿也一样，只要人们付出足够的精力去认真观察，大概率也会发现种内托卵的现象。

### 战略化的种内托卵

黑水鸡的种内托卵比灰椋鸟的更具战略性。英国一项研究显示，进行种内托卵的黑水鸡雌鸟只占全体的 20% 左右，并不算多。然而，这些雌鸟们拥有自己的巢，也会正常繁殖产卵，当自己的巢空间饱和后，才会到附近的巢托卵。它们在托卵对象的选择上也很讲究，为了让自己的卵顺利孵化，会选择那些处于产卵期或刚刚开始抱卵的鸟巢。甚至在托卵的时候，还会将巢主人的卵扔出去，这和杜鹃的行为十分相似，而灰椋鸟不会这样做。研究人员认为，黑水鸡采取了亲自筑巢繁殖和种内托卵两种方式，目的是留下更多的后代。

北美的美洲白骨顶同样会频繁地进行种内托卵。遭到种内托卵的巢，大约能占到全体的40%。一部分托卵的雌鸟是没有巢的鸟或者产卵期间遭到捕食的鸟，也就是没有产卵场所的个体。但是大部分托卵雌鸟都有自己的巢，它们也同时进行种内托卵，这样的雌鸟大约占到了总体的1/4。

种内托卵这么普遍，那些遭到托卵的亲鸟会蒙受什么样的损失呢？美洲白骨顶雏鸟死亡的主要原因是食物短缺。雏鸟之间的竞争十分激烈，经常会发生饿死的现象。如果亲鸟遭到了种内托卵，那么有可能托卵而生的雏鸟顺利长大，而自己的孩子却被活活饿死。而且，被托了几枚卵，自己的卵就会少几枚，这也是巨大的损失。那么，遭受种内托卵的一方有没有像杜鹃等的托卵对象一样，进化出对抗手段呢?

## 种内托卵的对抗手段

有的宿主鸟会拒绝杜鹃的卵,同样美洲白骨顶也有33%的概率会拒绝种内托卵。如果被托的卵和自己的卵的颜色不同,美洲白骨顶就会把它埋到巢材里面。有时外来卵还会被放到巢的边缘,使它不能得到高效的抱卵。

令人惊讶的是,美洲白骨顶还会区别对待托卵而生的雏鸟,不哺育它们。实际上,宿主鸟要么完全不照顾这些雏鸟,要么就直接把它们杀掉。当时在加利福尼亚大学的静大三郎发现了这个现象,在他出版的电子论文当中,还可以看到宿主鸟啄刚出生的雏鸟的头、反复攻击雏鸟等十分有视觉冲击的录像。

那么,美洲白骨顶怎样区分自己的孩子和别的鸟的孩子呢?宿主鸟会哺育杜鹃的雏鸟,这是因为鸟类一般区分不出来其他物种的雏鸟。而且,鸟类一般被认为无法分辨出同物种的其他个体与自己是否有血缘关系。

静大三郎发现，被托的卵往往孵化较晚，最初孵化出来的往往是巢主人自己的雏鸟。于是他提出了一个假说——美洲白骨顶通过观察最先孵化出的雏鸟，学习自己的雏鸟应该具有的特征。为了检验这个假说，静大三郎从多个巢内取出孵化前一两天的卵进行人工孵化，之后再将雏鸟放回巢中，用这个方法调整亲鸟最先看到的雏鸟为自己的孩子或者其他鸟的孩子。如果亲鸟最先看到的是自己的孩子，那么它们之后就不会再哺育其他雌鸟的孩子。相反，如果亲鸟最先看到的是别家的孩子，那么它们将会放弃自己的孩子。而如果一开始给亲鸟看的既有它们自己的孩子又有别家的孩子，那么它们会选择同时哺育所有雏鸟。这说明美洲白骨顶把最先看到的雏鸟作为"模型"来学习，并且以此为标准判断其他的雏鸟是否是自己的孩子。

虽然美洲白骨顶以外的鸟儿的种内托卵还没有被深入研究，但是托卵的一方和被托卵的一方之间，一定上演着各种各样的攻防回合。

# 5

# 人类生活的影响

# 城市生活困难多

我们在城市的不同季节里，也可以看到很多鸟。很多人还会在公园或家里的院子里观察鸟。然而城市的环境和鸟类原本生活的山林完全不一样，那么人类创造出来的环境会给鸟类的繁殖带来什么样的影响呢？我们从食物、照明和噪声等角度来看一看。

## 城市的食物营养不足

类胡萝卜素是十分重要的营养物质，动物无法在体内合成，只能从食物中获取。亲鸟在哺育雏鸟的时候，也必须要捉到富含类胡萝卜素的昆虫给它们吃。然而报告显示，城市里的昆虫中类胡萝卜素的含量很少。有一项调查选取了两个地方，分别是瑞典的城市和风光秀美的乡村，分析了大山雀的食物尺蛾幼虫的营养价值，结果显示每克城市幼虫中类胡萝卜素的含量比乡村的足足少了三成。

实际上，住在城市里的大山雀亲鸟会频繁给食，保证给雏鸟提供和乡村相当的类胡萝卜素总量。然而，雏鸟腹部的羽毛颜色（欧洲大山雀的腹部是黄色）还是比乡村的要黯淡一些。这代表合成羽毛色素所必需的类胡萝卜素含量不足。

类胡萝卜素有抗氧化作用，鸟类在对抗环境压力时也会消耗类胡萝卜素。城市中的鸟儿需要面对重金属造成的大气污染和噪声等各种各样的环境压力，会消耗很多类胡萝卜素，自然就没有多余的库存保证羽毛鲜艳了。城市中的大山雀对类胡萝卜素的需求高，食物中的类胡萝卜素含量却极少，在这样困难的环境下，有育儿需求的城市大山雀的生活状态可想而知。

### 照明让出轨现象增多？

城市中充满了人造的光，夜晚灯火通明的环境不可能对鸟类的生活没有影响。与生殖腺发育和迁徙行为有关的激素，受昼长（白天的时长）的影响比受气温变化的影响还要大。接下来，我们就一起看看人工照明，也就是光污染带来的影响。

一项澳大利亚的研究显示，在紧邻路灯的领地，也就是夜间也很明亮的领地内筑巢的蓝山雀雌鸟，与那些在夜晚会正常变暗的领地内筑巢的雌鸟相比，产卵时间平均早了1.5天。

此外，雄鸟同样会受到光的影响。在夜间明亮的领地内，雄鸟清晨鸣啭的时间会提前。大山雀提前30多分钟，而旅鸫会提前1小时以上。

最不可思议的是，晚间照明会显著增加鸟类出轨的概率。蓝山雀大约每个巢中有0.5只雏鸟是出轨受孕的产物，而夜间明亮的领地内大约每个巢中有2只雏鸟来自出轨受孕。许多雌鸟都是通过鸣啭选择质量高的雄鸟出轨。在明亮的领地当中，雄鸟会在天亮之前开始长时间的鸣啭，所以能吸引到更多的雌鸟出轨。

晚上变亮，鸟类似乎不会变成"夜猫子"，不过倒是会起得更早。它们的繁殖期和出轨受孕率等繁殖生态会因光污染而出现变化，亲鸟的行为和雏鸟的生存率等也会受到影响。不过，光污染对鸟类的影响应该远远不止这些。

## 噪声使叫声出现变化

城市中的声音环境和大自然也不一样。人为的噪声让鸟类的声音交流也受到了影响。

双色树燕的亲鸟在巢的附近发现捕食者时会发出警戒声，雏鸟听到警戒声就会停止啼叫。这是为了防止啼叫声被捕食者注意，进而找到自己的安身之处。然而在噪声环境下，雏鸟很可能听不到亲鸟的警戒声，也不会停止啼叫。因此，噪声很可能增加了城市雏鸟被捕食的风险。

有噪声时，雄鸟的鸣啭声自然也不容易被听到。不过鸟类的鸣啭声一般比人为的噪声频率稍微高一些，它们也许是为了让同伴听得更清楚，所以用了更高的声音和噪声区分开。事实上，噪声越大的地方，雄鸟鸣啭的频率就越高，这种现象在欧亚歌鸫、乌鸫和北美歌雀等众多物种身上都有发现。

我和帝京科学大学的毕业生渡部末纬子以及她的指导老师森贵久一起调查了东京市中心大山雀的鸣啭情况。不出所料，在噪声强度高的绿地（公园等）上鸣啭的雄鸟，声音的最低频率变高了。更有趣的是，这些雄鸟每次鸣啭的时间也变长了。换句话说，当雄鸟的领地在道路附近等噪声明显的地方时，它们会用高高的声调反复不停"唧啾唧啾唧啾……"地鸣啭。

当周围有噪声时，雄鸟鸣啭的强度也极有可能变大。但是我们很难在野外测定鸟类声音的大小（音压），所以目前还没有实际证据证实这一点。这是由于鸟和观察者之间没有相隔足够的距离时，鸟鸣啭时的朝向会对音压的测定造成影响。

然而，究竟是众多品种的雄鸟在噪声明显的环境下将鸣啭的音调调整得更高了，还是那些音调更高的雄鸟本来就在噪声明显的地域有天然优势，能够争夺到领地呢？目前答案已经明确了，那就是每只雄鸟都能够调节自己的音调。同一只雄鸟，在人流量低、噪声小的周末就比在噪声大的工作日声音更加低沉。

城市鸟的繁殖生态和生活在自然环境中的鸟的繁殖生态有很多差异。这些差异近些年来逐渐被人发现，那它们会进一步造成更大的影响吗？举个例子，如果在城市出生长大的颜色黯淡的年轻鸟儿到乡下定居，它能顺利找到配偶吗？产卵时间受光污染的影响提前后，雏鸟的食物——

昆虫的生长期会不会和育雏期错开呢？鸟儿子学习鸟爸爸频率高的声音后，音调高的鸣啭会得到进化吗？这些悬而未决的问题同样十分有趣。

# 地球变暖的影响

## 架上鸟箱看地球变暖

近些年，大概很多人都感觉到了夏天变得越来越热。地球变暖，已经给人类的生活带来各种各样的影响。本章的最后，我们一起来看看地球变暖给鸟类繁殖带来的变化。

地球变暖后，春天提前到来，不难想象鸟类的繁殖期也会随之提前。紫背椋鸟是一种夏候鸟，它们的产卵期已经提前了。一项在新潟县展开的研究显示，在1978年到2005年的27年间，紫背椋鸟的产卵时间提前了半个月左右（图8）。从多个鸟巢的平均值来看，第一枚卵被产下的初卵日在研究伊始时是5月23日左右，这个日期每年都在提前，27年后变成了5月7日左右。27年间，调查地附近的早春气温提高了1.5℃。而在气温高的年份，初卵日也有提前的倾向。随着气候不断变暖,鸟类的产卵时间确实出现了变化。

　　进行这项紫背椋鸟研究的人叫作小池重人,他是新潟县一所中学的老师。小池重人每年都会架设30~100个鸟箱进行观察,多年来累计的数据揭示了地球变暖这个重大问题和鸟类生活之间的关系。这项研究得到了高度评价,还获得了日本鸟学会为业余爱好者专门颁发的奖项。

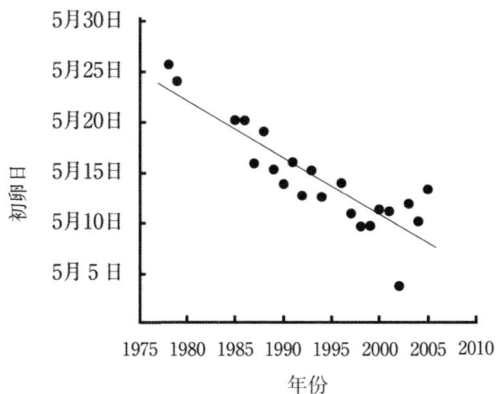

图8　紫背椋鸟初卵日的经年变化　记录了各个巢的产卵开始的日期(初卵日)平均值。产卵日期呈现逐年提前的趋势。(Koike, S., Fujita, G. and Higuchi, H.(2006) Global Environ. Res. 10:167−174, 经许可后修改、转载)

## 产卵期根据育雏期进行调整

鸟类会选择在合适的时间产卵，以便更好地哺育雏鸟。当卵顺利孵化，雏鸟成长需要大量的食物时，如果亲鸟不能找到足够的食物，就无法留下更多的后代。一项法国的调查显示，将昆虫作为主要食物的蓝山雀在硬叶树林的产卵日期比在落叶树林晚，而这和昆虫在两种树林中的生活周期相吻合。本来能够灵活调整的产卵期如果因为地球变暖而提早的话，会不会对鸟类育雏造成影响呢？昆虫的生活周期会不会也提早，恰好能够满足雏鸟的需要呢？

有一项从 1985 年开始的研究，持续了 20 年，研究人员在荷兰专门调查了昆虫的生活周期。研究人员在森林中放置了一些 50 厘米见方的布，每 3~4 天收集一次落到布面上的毛毛虫的粪便，以此推断毛毛虫的总重量。结果显示，调查开始时毛毛虫的数量大约在 5 月末达到峰值，而 20 年后这个峰值提前了 2 周。

有报告显示，欧洲的斑姬鹟、大山雀、蓝山雀等多个物种的产卵期都提前了。我们认为，这是鸟类根据春季的气温推测出毛毛虫等食物的生活周期，并据此调整了自己的产卵日期。

## 斑姬鹟的调整不够彻底

在荷兰的高费吕韦国家公园当中，有一片森林专门用于生态学调查，这些调查为地球变暖的相关研究提供了大量的数据。荷兰国立生态学研究所的费歇尔团队发现调查区内的气温从 1980 年左右开始逐渐上升。夏候鸟斑姬鹟回归的 4—5 月份的气温，从 1980 年到 2000 年的 20 年间，大

约上升了 2℃。费歇尔团队在此期间分析了 1892 个巢的情况后发现，斑姬鹟的初卵日大约提前了 1 周。

实际上，上一节提到，有研究发现毛毛虫的数量峰值在 20 年之间提前了两周，这两个研究是在同一片森林中进行的。如果雏鸟食物的生活周期提前了 2 周，而产卵不同样提前 2 周的话，育雏恐怕就会遇到困难。那么，为什么斑姬鹟产卵只提前了一周呢？

原因是斑姬鹟无法调整自己的迁徙时间。20 年间，斑姬鹟迁徙而来的时间并没有提前，每年春季的气温和这个时间之间也没有必然联系。斑姬鹟迁徙的时间，很可能是由越冬地点的昼长和气温决定的，它们无法根据繁殖地点的气候进行调整。

迁徙而来的时间没有变化，那么斑姬鹟的产卵时间再早也有个限度。它们到达繁殖地点后，雄鸟需要争夺领地，雌鸟要挑选雄鸟结为配偶。然后它们还要一起确定筑巢场所，收集材料来筑巢。这些工作都需要一定的时间。所以荷兰的斑姬鹟到了繁殖地点后，再怎么急着产卵，也赶不上毛毛虫数量峰值提前的时间了。

## 斑姬鹟减少了？

我们很难知道地球变暖是不是让亲鸟为雏鸟觅食的任务变得更加困难。不过，斑姬鹟很喜欢在鸟箱里筑巢，所以人们能够了解到多年来它们的繁殖个体数的变化。利用这个数据，可以推测出斑姬鹟的总数量是否减少。

费歇尔团队调取了斑姬鹟近年来在多个繁殖地点的繁殖个体数，并且调查了2003年毛毛虫的生活周期。结果发现，一个调查地点内的毛毛虫的数量峰值来得越早，斑姬鹟的数量就越少。毛毛虫的数量峰值为6月末的调查地点内，1987年到2003年的16年间，斑姬鹟的数量没有发生变化；而毛毛虫的数量峰值为5月上旬的调查地点内，斑姬鹟的繁殖个体数以每年10%左右的速度减少。这说明在毛毛虫的数量峰值来的较早的调查地点内，毛毛虫的生活周期和斑姬鹟的育雏期并不吻合，所以雏鸟无法健康长大，最终导致斑姬鹟的数量每年都在减少。

实际上，地球变暖并不是给所有种群都带来了相同的影响。有研究显示，在欧洲的 25 个不同地区中，只有 9 个地区的斑姬鹟和它的近亲白领姬鹟的产卵期提前了。因为各个地区的气温也不是都在上升，有的地区的气温反而下降了。地球变暖也不仅仅意味着气温上升，还会引起暴雨、干旱等各种各样的极端天气。它给鸟类繁殖带来的影响，或许还有很多仍不为人所知。

# 结　语

　　本书介绍了鸟类繁殖领域的最新研究成果。其中引用了很多英文学术期刊上的内容，尽量解决了语言不通的问题。希望各位读者在了解鸟类那些不为人知却十分有趣的繁殖生态的同时，还能够知道这些生态得到进化的科学依据。

　　书中还特别提到了一些日本的优秀研究成果。有的案例还专门从研究者本人那里了解到调查时遇到的艰难困苦，尽量为大家还原了研究现场。众多日本的年轻研究者做出了具有重大科学意义的优秀研究，并且在国际级的学术期刊上发表了论文。但遗憾的是，这些研究成果和他们的研究活动没有广为人知。他们并非单纯凭借着个人爱好，仅仅靠对鸟长时间的观察，就自然有了新发现。相反，这些研究者会独自选择研究问题，寻找调查地点，不怕泥泞，挥汗如雨地深入调查。然后，他们绞尽脑汁地在学术体系中为自己的新发现找到一席之地，反复打磨修改后论文才能见刊，推动科学前进一小步。这些年轻的研究者把醒着的大部分时间都花在了研究上，持续多年才有了本书提到的各项研究成果。

提到野外的鸟类研究，很多爱鸟人看到的只是新奇的生态，觉得这种研究十分有意思。其实，鸟类的繁殖生态学十分深奥，就连单纯的稀有现象的记录，价值也不仅仅止步于兴趣爱好本身。这是一门科学，需要按照科学的方法探寻自然界的法则以及进化的机制。只有这样，那些令人兴奋的有趣现象才能被一一阐明。

许多年前，我就期待出一本这样的书。感谢岩波书店编辑部的松永真弓先生帮我实现了这个多年的愿望。另外，还要特别感谢筱原裕美子女士为本书创作了幽默易懂的插图。

2016年4月至2018年3月，我在公益财团法人日本野鸟会的会志《野鸟》上进行了《鸟类的繁殖生态学》的连载。
本书改编自连载内容。

　　　　　　　　　　　　　　　　　　滨尾章二